不是努力，就能成功

翻轉
憂鬱白領的17個本質對話

累死你的不是沒有競爭力，而是失衡的競爭方法

重新設計工作/生活的峰值平衡運轉
找回你的精要價值觀，過一個更有靈魂的人生

國家圖書館出版品預行編目資料

不是努力，就能成功 / 張雲梅 著. -- 初版. -- 新北市：
創見文化出版，采舍國際有限公司發行，
2017.04　面；　公分（優智庫；58）
ISBN 978-986-90494-6-7（平裝）
1. 職場成功法
494.35　　106002388

創見文化

不是努力，就能成功：
翻轉憂鬱白領的17個本質對話

出 版 者 ◤ 創見文化
作　　者 ◤ 張雲梅
總 編 輯 ◤ 歐綾纖
統籌顧問 ◤ 丁永祥
美術設計 ◤ 陳君鳳
品質總監 ◤ 王寶玲
文字編輯 ◤ 游德輝

郵撥帳號 ◤ 50017206 采舍國際有限公司（郵撥購買，請另付一成郵資）
台灣出版中心 ◤ 新北市中和區中山路2段366巷10號10樓
電　　話 ◤（02）2248-7896　　傳　　真 ◤（02）2248-7758
I S B N ◤ 978-986-90494-6-7
出版日期 ◤ 2017年4月

全球華文市場總代理 ◤ 采舍國際有限公司
地　　址 ◤ 新北市中和區中山路2段366巷10號3樓
電　　話 ◤（02）8245-8786　　傳　　真 ◤（02）8245-8718

新絲路網路書店
地　　址 ◤ 新北市中和區中山路2段366巷10號10樓
電　　話 ◤（02）8245-9896
網　　址 ◤ www.silkbook.com

目錄

CHAPTER 3

Heart Set / 心的穩定感

CHAPTER 4

Body Set / 表現一致性

CHAPTER 5

4C1A／運轉五大優勢，創造長期的繁榮

【自序】

寫在本書之前

張雲梅

我一直認為自己非常幸運，在全球許多傑出的企業服務過。所以經歷職涯多年過後，腦中時時刻刻都會浮現起一股想把過去「嘗試了什麼，學到了什麼」全都給記錄下來的衝動。

那可是範圍相當廣闊、又零碎的一大塊知識領域。我很努力將它們抽絲剝繭拼湊起來，細細地從一些工作上的小片段去回想，身為一位「資深」的經理人，如果一切再來一次，自己會特別關心什麼問題？

我想起有一次工作上覺得非常委屈，忍不住去跟老闆抱怨，為什麼其他的經理會那麼自私？為什麼只有我一個人有團隊的精神？後來回想到這件事，心裡面其實挺尷尬，原來自己也曾經有過這樣「抱怨」的舉止（不知道當時我的老闆心裡怎麼想），也曾經那麼地消極，而不是像平時口口聲聲所宣稱的那麼「正能量」。

還有一次心情也非常的低落。當時我面對一位很難搞的主管，他的層級很高，管理整個亞洲的事務，等於是老闆的左右手，能力也十分幹練，大家可以想像，這樣的人才自然不太容易接受其他人的輔導，偏偏我又是負責 HR 的主管，有責任協助他熟悉整個環境。

後來老闆知道了這樣的情況，有一次就問他，會怎麼跟重要的客戶維繫關係？這位主管回答，當然是經常相約吃飯聯繫情感。老闆又問他，那你跟 Y.M 吃了幾次飯呢？這位主管愣了一下，因為半次都沒有。

後來老闆跟我溝通，他認為我的角色十分重要，因為我們透過改變這個主管的心態，進一步影響整個公司的文化。老闆看的已經不是我與這位高階主管之間的關係，而是更高的層面。這讓我明白，當我把自己的定位提升到更高的位置時，就能面對更大的挑戰。後來，我與這位幹部反而成為關係非常好的朋友。

這些事現在想起來，我發現裡面有兩個很有意思的地方：

第一個就是職場上有很多的學問、知識都是可以透過課程照表操課學習的，可是唯獨「人」的問題，是我們必須親身去經歷過，才能體驗出箇中的滋味兒。

第二個就更難了，那就是人生不同的階段，我們每個人的需要與成就，原來是會變動的，但是很多人卻很難去察覺當下最有成就感的部分是什麼，變得以為得到更多更好就會更快樂。

我希望藉由這兩種體悟，慢慢把過去的經驗梳理出來，變成一種有系統的理論與步驟。一步一步讓大家知道一些成功的經理人，他們是怎麼樣很認真地去看待現實，認真地把自己手邊的事情做好，並且適當地去做出調整還有改變，最後往對的方向去抓住成就感，優游其中。

我建議大家在看這本書的時候，可以藉機審視自己的價值觀。問問自己到目前為止是不是很誠實、自然、和諧地在社會上生活著。你在工作上，是只為了自己的利益、團隊的利益在做事，還是可以把雄心壯志投射到整個組織之上？

在家庭中，你是固守男主外女主內這些傳統觀念，或著在遇到事情的時候，是用負面的推託來把不喜歡的事排除掉。還是，你願意用同理心、換位思考這些角度來處理事情？

在思慮上，儘管你已經做了很好的策略與規劃，但是有沒有想過，很可能也忽略了內心的直覺。難道我們做好一個策略，就必須硬邦邦地去死守它嗎？如果這些策略是與自己的內心相違背，我們是否還能很自然地去遵從這些事？

最後，我要感謝許多人，在撰寫這本書的過程中，給予我許多協助。我很感謝我的先生，他永遠是我第一個讀者，並在過去的生涯中不斷地支持我。我也感謝許多過去的主管，他們給我很大的激勵，讓我可以有很好的自我成長的機會。

我特別要感謝過去所服務的美商應用材料公司的劉永生先生，我當時的位階是一位經理，他大膽推薦了我擔任這家企業人力資源的主管。在當時，他發揮了一位優秀領導者的影響力，讓我可以很順利地在一個新的環境脫穎而出，發展自己的抱負。

當然，我也非常感謝馬爾斯，他是非常有經驗的文化工作者，也是這本書的統籌顧問。在撰寫這本書的過程，我們不只是專注完成一份稿件，還從溝通的過程中，發現了許多管理事務的方法，並且去發現一些新的思維、好的情報，把它們應用在這本書的誕生上面。

要感謝的人太多，我希望這本探討職場與生活全面提升的書籍，能夠不負大家的期待，能激勵人家展開自己更豐富圓滿的未來，讓大家不論在何時讀到這本書，或是身在何處，都能更有自信地踏出正確的下一步。

【推薦序】

不忘初心，方得始終

國立政治大學商學院
專任教授　李瑞華

本書的書名《不是努力，就能成功》，帶出了幾個問題：如何定義成功？如何才能成功？如何努力？除了努力還需要什麼？

所謂「條條大路通羅馬」，成功有許多不同的途徑，別人成功的途徑也不一定適合其他人，最根本的是先要對成功有清楚的定義，然後每個人才能因應自己的主客觀條件，找到最適合自己的路徑朝著「成功」前進。

每個人都期望成功，但只有很少人覺得自己成功。關鍵就在很少人認真思考成功的定義，而只是盲目追求別人所定義的成功，而這種定義可能根本就不適合自己，不管多努力都沒用。除了怎樣才算成功，更重要的是為什麼要追求成功？Y.M 在本書總結出「成就感比成功更重要」。「成就感」來自於實現自己所期望的結果，讓我們感覺到存在的價值，並因此感受到幸福和快樂。比如絕大多數青少年對成功的定義是名校的高學歷，而絕大多數成年人追求的是賺大錢當大官（含當大老闆大主管）。其實名校及高學歷的成功途徑只適合少數人，真正能賺大錢當大官的也只是少數人，這兩者之間也不是必然因果關係。更重要的是兩者兼具不一定就是成功，反之，兩者皆空也可能成功。

古人云：「不忘初心，方得始終」，不只有始有終，而且結果（終）符合初心（始），那才有成就感。有明確清楚的初心，還得不忘初心，才有可能聚焦於更有效的努力，才更可能收穫符合初心的結果。但是我們往往只是努力追求結果，而不願努力釐清初心，這就像無的放矢，努力射擊不存在或不可能射中的標的，當然成功率很低。每個人如果能清楚自己的初心：要什麼？不要什麼？為什麼？能謀定而後動，能有清楚的目的和努力的方向，不只成功的機率更高，也更可能得到成就感。

東方的「天命」就像西方的"Calling"，深入探討「我活著為了什麼」？這是最根本的初心，也是定義其他一切成功的羅盤，我們每個人都得努力找出自己的「天命」。我跟大家分享我自己對「天命」的定義：如果能同時符合三大條件，

「喜歡做」，能為它廢寢忘食；「能做好」，能發揮自己的潛能；「值得做」，能心甘情願為伊消得人憔悴，那就離「天命」不遠了。找到自己的「天命」，未必一定有大成就，但一定有成就感，一定會覺得這一輩子沒白活。

古人云：「天道酬勤」，但別忘了還要結合「地道酬善，人道酬誠」，所以不只要努力做（勤），還要把對的事（善）做好（誠），要天、地、人具備才能真正獲得最完美的成就感。

Y.M 在書中提出身（行為）、心（感覺）、腦（意識）的基本框架，幫助讀者更全面地（holistic）思考「努力」及「成功」。「心」是感性的知，「腦」是理性的知，但最後「心」和「腦」要做出綜合的「知」，並通過「身」的具體行為才能產生實際的結果。感性和理性的「知」，如何綜合然後如何將「知」付諸以「行」，這其中充滿著各種變數，沒有既定的簡單公式，最後的結果取決於個人拿捏和應變的平衡能力。

我們都知道要「修身」才能「齊家、治國、平天下」，但對於如何修身，目前的家庭、學校、甚至社會的教育，都只重「格物」（分析、觀察、分辨）及「致知」（知識、知道），但幾乎完全忽略更重要的「誠意」及「正心」。「誠意」

是能排除雜念雜訊的理性覺知及判斷能力，「正心」是能排除喜惡偏頗的感性覺知及判斷能力。身、心、腦的西方理論結合老祖宗在《大學》提出的「格物、致知、誠意、正心、修身、齊家、治國、平天下」，必能更有效地提升個人的思辨及覺知能力，不斷完善自己對成功的定義，找到最適合自己的途徑和方向，更有效地找到自己的成就感。

最後分享我對本書的一些感想：

「小確幸」是人生重要調味料，往往讓人生更加美滿，但就像我們不能只吃調味料一樣，人生不能只追求小確幸。古人強調要「知足、知止」，但只追求「小確幸」，必造成「未足就止」，容易滿足於小成就，卻不能充份發揮潛能，不能得到真正的成就感，甚至造成人前歡笑、人後失落的暗自憂鬱。

「憂鬱」是很痛苦的，尤其「白領」是有知識、有思想、有期望的族群，如果很努力而沒成就感，就必然容易陷入憂鬱狀態。憂鬱是很強的負能量，不只足以毀掉自己的人生，還可能嚴重影響周圍的人。平衡好自己的身、心、腦，才能產生正能量，才能遠離憂鬱，擁抱快樂。

佛家言：人生一切苦惱都是「貪、嗔、癡」造成的，能自省、自知、自律，才能處理好自己的貪嗔癡。《大學》云：「知止而後能定，定而後能靜，靜而後能安，安能後而慮，慮而後能得」。這是走出憂鬱，走向成功快樂的大智慧，能真正自處者也必更能與人相處，如此更能達到「人和」，不只與自己，也能與別人和諧相處，那是更大的正能量，必能化解憂鬱的負能量，不只自己成為幸福快樂的成功者，還能幫助別人成為幸福快樂的成功者，如此不斷反覆相互作用，形成良性循環，終必遠離憂鬱的此岸，抵達快樂的彼岸。沒有快樂，不管多成功也不是真成功！

以此為序，祝賀 Y.M 新書出版，並與讀者諸君共勉之。

【推薦序】

競爭的最高境界並不是談致勝！

美商　應用材料公司集團
副總裁暨台灣區總裁　余定陸

當我從 Y.M 手中拿到此書的初稿時，有眼睛為之一亮的感覺，並迫不及待地馬上看了一遍。我在半導體領域二十餘年，從台灣、矽谷到全球市場，在高速且高張力的競爭過程中，人力資源（human resource, HR）始終是一個重要的策略要素（strategic element）。所謂人力資源策略（HR strategy）並不是基本的計算人頭和成本，而是真正強化個人競爭力，提升組織間的協同合作能力，進而發展出獨特而具競爭性的企業長青文化，而 Y.M 正是能夠完成這塊拼圖的關鍵人物。

說到所謂的致勝策略（winning strategy），我很喜歡引用前紐約洋基隊總教練喬・托瑞（Joe Torre）所說的一段話：「競爭的最高境界不是談致勝。它是關於準備、勇氣、了解並培育你的團隊和他們的心，致勝只是一個結果。（Competing at the highest level is not about winning. It's about preparation, courage, understanding and nurturing your people, and heart. Winning is the result.）」在高強度競爭的賽場中，這也印證了一句老話：「台上一分鐘，台下十年功。」Y.M 秉持以人為本的信念，引用西方的管理手法，從願景、使命、策略到執行，架構了應用材料公司在台灣發展的人力資源策略要素，同時發展了學習系統（learning system）與知識管理（knowledge management），這些制度成為公司人才成長的加速器（accelerator）。而這些寶貴的經驗，很高興她在多年後終於有時間將它彙集成書。

本書中提到的很多觀念，頗具深一層的思考。如同首章破題是「別在同一個峰頂上逗留。」如果把人生比擬做多次的登頂，固然大家都希望登上顛峰，但其實大半的時間是花在登頂的過程，在峰頂不過是一剎那的時間，而每次挑戰峰頂的過程，才是最重要的收穫。

又有「機會不是留給準備好的人，而是留給願意改變的人。」我們當然希望機會來臨時，我們的能力已經俱備，但是如果沒有願意改變的心態，卻是沒有機會「準備好」的。

書中所提出的4個C與1個A的構面（create創新、compete競爭、control管理、collaborate協作、attitude態度）完全可以提供讀者作為對自我以及對組織團隊的全面檢驗，非常值得採用，尤其對台灣公司的主管及新世代員工來說，我相信這本書會是非常有幫助的學習指南，而這本書也實現了她一直以來希望能為這個社會創造價值的使命。再一次給她一個熱烈的掌聲，為這一本值得期待的佳作。

【推薦序】

清楚使命，有時比了解才能更重要

富樂全球粘合劑
副總裁　蔡志偉

每個人都想要追求成功，把成功視為人生的目標、成果，甚至誇張一點的講，絕大部分的人，實際上僅僅是偏重於追求事業上的成功。這是為什麼數十年來有關「競爭力」、「成功學」、「工作術」相關的書籍始終歷久不衰的原因。

弔詭的是，如果我們把成功做一個橫切面來看，除了事業之外，還有許多其他值得追求的部分。例如成功的婚姻，成功的人際關係，成功的健康，而且在許多實際情況下，只追求單方面事業的成功，甚至必須是犧牲其他方面交換來的。

相信每個人都一樣，每當面臨生命中某些重要時刻，內心就像是站在十字路口上自忖著：「接下來呢？」……類似這樣的問題反覆不斷困擾著我們。

有一次我在車上聽廣播節目時，節目裡訪問了美國前聯準會主席葛林斯潘

（Alan Green Span）。主持人問：「What is the important in the stock market？」葛林斯潘回答：「Something in the between.」。後來看了這本書，發現有許多內容跟這句話的意思若合符節。

在現今這種必須不斷保持前進姿態的社會裡，作者在書裡第一章的切入點就非常令人意外。

她點出了很重要的三個關鍵。第一個是建議大家可以試著打破成功的框架，用「成就」來看待整體人生的價值。第二個是與其說「成功／成就」是「結果」，許多時候它更像是一個不斷學習的「過程」。第三個就是作者為我們闡明追求成就的過程其實是極度動態的，在動態中要怎麼樣保有平衡，可能比追求單方面的出類拔萃，更能讓人生得到圓滿。

作者在書裡提到兩個概念，一個是「度」的轉變，一個是對「自主所有」（ownership）的理解。

「度」的解釋讓我有點震撼，因為它很像是葛林斯潘回答的：「Something in the between。」這與時間、場合的變化有很大的關聯。很多事什麼時候是對，什麼時候是錯，永遠跟時間有關係。時間變了，場合變了，一個人的「度」也會有所變化。

我在過去三十年的職涯裡帶領過許多不同國家的主管，也親身經歷了許多對於「度」的把握，這跟中國的陰陽八卦黑白很類似，在管理上，為什麼同一件事有的人看成黑色，有的人看成白色，往往是因人而異。

另一個概念就是對 ownership 的理解，作者用 body、mind、heart 來做比喻，其中，又認為「心」（heart）的部分特別重要。

現在的企業常常喜歡講「當責」，問題是怎麼樣才能讓員工有當責的作為呢？以我的經驗來說，我曾管理過財務，負責過銷售，也做過行銷。每一次在擔負任務的時候，內心並不是只把它們當成一個職務，而是把自己當成公司的擁有者，再來看這件事該怎麼做，才是對整體組織最完美的。

就像很多企業裡優秀的 **HR** 內心也都理解，要完成他跟他們部屬的 **HR** 工作不僅是任務的指派，而是因為那對組織而言是一件重要的事。例如績效考核，很多主管認為這是 **HR** 指定要他們做的，但其實大家心裡都明白，這是身為一個主管本身就應該做的事，而不是因為「被吩咐」。

這種態度難道只在企業裡才發生嗎？如果你是一位賣炸油條的師父，或是紅酒的品酒師，想要得到傑出的成就，就必須把事情做到極致，而且是出自於內心，出自於對這份工作的熱愛。

作者在這本書裡面，談到許多從 heart 出發，然後與 body、mind 如何做平衡，再從這些平衡的過程中又不斷創造出成就感，無論對組織或是個人而言，這些都是非常重要的觀念。

更特別的是，「度」與「平衡」這些字眼都是很模糊的，但在這本書當中，Y.M 可以把這些模糊的概念具體化、甚至量化、步驟化。例如一個人的工作與生活如何平衡？在這本書裡寫的很清楚。所以不單單是企業裡的人士可以參考，如果你是家庭主婦、創業者、學生，書中有許多的內容，都可以很技巧性地協助大家，將願景，跟所處的環境、事實做一個配合，一點一滴走出自己的路。

最後我要提的是，本書的作者 Y.M，是我在富樂企業（H.B.Fuller）相當重要的一位夥伴。當時她負責這家全球性的公司在整個亞太區的人力資源布局，並且在富樂與另一家公司整併時，扮演一個非常好的橋樑的角色，使我與當地的四位董事合作無間。至今，許多 Y.M 當時制定的人力資源規劃，仍在組織裡發揮強大的影響力。

這本書給我很多新的啟示，真的受惠良多，我閱讀這本書時，有許多心情十分貼近我目前工作的一些想法。我們都想讓自己用一個更全面的思維去創造下個階段，試試作者提供的各種建議與練習吧！相信在未來，大家對於生命的價值與成就，都會有超乎預期的全新蛻變。

CHAPTER 1

別在同一個峰頂上逗留

光是追求頂尖，仍無法成就晉升之路！

長期以來，怎麼追求「頂尖」的能力，還有如何成為「菁英」，一直是炙手可熱的話題。

很多人認為只要像高盛、哈佛、麥肯錫那些高手一樣擁有無與倫比的工作效能，這輩子就能高枕無憂，這其實是一個天大的誤解。你在世界上任何一個具有高產出、高市值，或著我們說高價值的公司，都必定有它們殘酷的生存哲學，我相信那不是大部分的人想要追求的人生。

在國外，例如我們所熟悉的華爾街、矽谷、上海、新加坡，任何一個能產出高度經濟貢獻的地方，每天都會面臨各種不同的挑戰，例如超時工作引發的管理問題、創新力不足、競爭力永遠不夠、團隊不夠協調、或是工作情緒的劇烈變動，這些問題往往都是透過相當慘烈的代價（例如我們所熟悉的字眼：變革）才得以解決。

顯然，**我們似乎應該問的是另一個問題：追求單方面的頂尖能力，足不足夠**

使我們獲得最終圓滿的成果？

有時我們需要跳脫出原有的框架，才能找到真正的問題。我們應該跳出效率、競爭力、創新……的小框框，去思考自己「到底想要追求什麼？」才能進一步釐清「追求它的方法有哪些？」

十七年內的十二次升遷紀錄！

我想看這本書的人，很多人所追求的應該是「成功」這兩個字。例如達成一些有成就感的事，或著是工作上不斷的升遷，每個人對圓滿成功的定義，都不盡相同。

我有一位老朋友，他的成功經驗可能會立刻讓你眼睛一亮。在剛進入職場的前十七年，扣除了第一年職場新鮮人，以及另外有三年是轉換跑道加入新公司的期間外，其餘十三年中，他有過十二次的升遷紀錄，一直升遷到了公司最頂端無法再往上升的層級。十三年十二次！很訝異對不對？幾乎是每年獲得升遷，他是怎麼辦到的？

印象中他是個完美主義者，有時候連簡報用的PPT字級大小，也會詳加斟酌。他是做財務背景的工作，所以也有著令一般老闆非常激賞的數字敏銳度及分析能力。我曾經與他一起共事，他對同事既親切又能讓人覺得受到信任，同時也願意去接受一些以前不曾做過的事，即便是不懂的領域，他也會想一些管理工具，不懂就盯著。這樣的工作者在心態面，簡直是無懈可擊。

我們思索一下上面的形容——光是頂尖的工作能力，就能讓他擁有這麼順暢的升遷之路嗎？好像不僅如此。他的故事也總讓我在多年以後，每每觸碰到瓶頸時，心理會重新對追求成功的過程，進行反省與觀察。

我回溯職涯歷程中，每個階段的關鍵轉折點，找出它們的普遍性原則。我也回憶那些曾經接觸過的全球各地的菁英，整理那些讓他們往前跨一大步的能力與原則。同樣的，我也把過去服務過的企業，他們幾乎都是產業當中的翹楚，我去整理這些優秀的企業，它們怎麼克服障礙，或是他們現階段仍然與哪些盲點進行纏鬥。

後來我得到一個意外的答案，原來我們都想錯了！

追求單方面的頂尖，從一開始就註定失衡的結果

相信大家對一個議題一定不陌生，就是我們經常在討論工作與生活該如何平衡？

但實際上你很難用一刀切的方式，把工作與生活分開，他們原本就是同一件事情，只有在時間上如何分配的問題。例如你的健康，其實也是工作的一部分。到了一定年齡，我們花時間運動一小時，這一小時的活力將回饋到工作之中。所以這一小時，你覺得只是在運動，其實它是工作計畫中的一部分，只是詮釋不同。

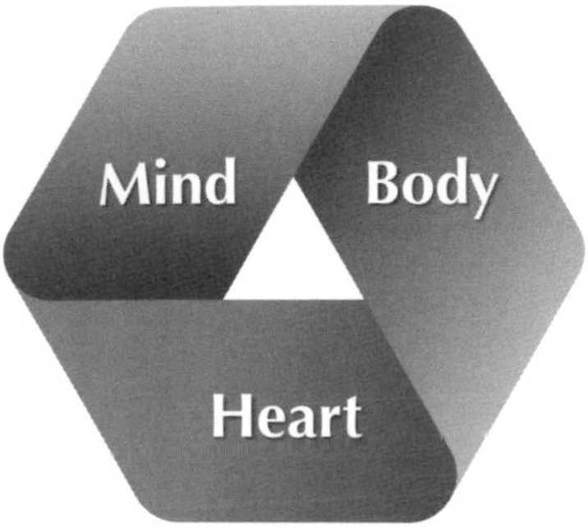

這就像是我們把一個人裁切成三個主要的部分來看：心智（mind）、心態（heart）、肢體（body）。我們不該去討論該如何平衡這三個部分，因為它們本來就是一個整體。應該是用平衡來檢視、調整，而不是去各別討論三者間如何平衡。

但我們習慣把這些元素拆開來看，其實是有原因的。

我們的社會系統、價值體系、行為模式，從一開始就習慣簡化、單向化去看事情。大家回想看看，我們從很小的時候開始，很多的注意力是從「body」這個部分開始，因為body是最外顯的、最容易被看到、理解的部分。

嬰兒一出生，我們就會關心是男生，還是女生（傳統華人社會可能碰到女性還會皺皺眉頭）。我們從小開始所受的教育，就是一切從最外圍的元素看起，所以我們要考試，要比較成績，要拿證照，要透過body的部分去表現自我。

但當我們的年齡逐漸成熟後，卻又會發現，其實能影響我們追求卓越、做好一件事情，不僅僅是只有body這個部分而已。愈複雜的事情，可能心智（mind）與心態（heart）的部分更為重要。

我們經常是碰到問題了，才慌慌忙忙開始解決問題。例如二十五歲以前，我們只重視body的部分，二十五到四十歲可能就開始覺得邏輯力、思考力更重要，到了更年長，又意識到心態、情緒的掌握其實更為關鍵。

大家注意到問題了嗎？

之所以我們一直想一面追求成功，一面追求平衡，又一面不斷失衡，正是因為我們從小就是把它們拆開來看，並且在最初的時候，只重視body，或是所謂的效能的表現，而對其他同樣重要的關鍵部分，置之不理。

你看待成功是過程，還是結果

我觀察那些長期優秀的人，通常都具備兩個特色，第一個他們都是一開始就視「平衡」為一個整體。第二個是他們通常比較去看長遠的目標。

我有一個朋友，他的目標是三年後年薪要三百萬，但他卻把這三百萬視為一個結果，也就是分分秒秒從錢的角度去計算。曾經有一次，他有機會去國外參加自費的研習，但他認為與其花錢去參加一場看不到成效的活動，還不如留在台灣接更多的案子，可能靠三百萬更近一些。

是這個樣子嗎？

能夠長期維持優秀的人，比較不會計較一城一地的得失，反而最終得到更多。能夠把成功視為過程的人，他必定有一顆看穿全局的腦，懂得長期要布局哪些事。同時在心靈的層面，他不是只為自己的利益工作，而是會更「大我」，例如為家庭、為組織、為了更高的使命而工作。

這裡所謂的優秀的人，可不一定非得要什麼 CEO 才算。許多公司的基層工作者也都非常的優秀。

有很多低薪族一面工作一面抱怨，但也有很多基層人員很清楚這是一種價值選擇，他們不太去抱怨，也能長期在崗位上保持優異，因為他們知道如果要高薪，有另一條路徑。

長期成功的企業也觀察到這種心靈層面的影響，例如在我所任職過的高科技公司，他們雖然講求效率，但一定更重視願景（vision）。

現代的工作者需要做什麼樣的改變？

Mind、heart、body 協助我們從更全觀、更整體的角度去看一個人如何長期保持優異。走進企業，我慢慢發現隨著組織、專業的複雜度提升，**我們面臨許多任務已經不能單純從「事」的角度去解決問題，有一大部分，牽涉到與團隊共同完成艱鉅的工作目標，還必須從「人」的角度去思考。**

在一九九〇年的時候，那時候我在一家以競爭力聞名的公司服務。這家公司有一個特色，每個部門雖然都非常都有頂尖的工作效率，但是彼此也都「很享受」相互競爭。

印象特別深刻的一次，我們的部門協助一家國際級企業舉辦一場為期三天的大型論壇。在這三天的活動中，整個團隊吃足苦頭，全部成員三天都沒怎麼闔眼。因為競爭的文化，我們跟別的部門之間，不要說共識了，就連最基礎的溝通都很困難。

我們只能透過自己僅有的資源去完成任務，最後這三天的活動辦得非常成功，客戶也非常滿意。照理說我們應該很開心，但並沒有。因為對我們而言，公司的競爭、不協調的環境依然沒變，大家只是很盲目地用頂尖的效率去平衡其他的部分，長期而言，沒有加分。

我細細回想大家在那個過程中，我們只在意單方面的能耐，而忽略了其他更為重要的部分。

很明顯地在人與人之間（或者部門與部門之間），我們極度缺乏協調／協作（Collaborate）的能力，而整個公司的競爭文化，更使得我們的心態（attitude）

變得很扭曲。

我發現，大家失去了所謂的價值觀！

這讓我意識到，光是一個很好的制度、很好的管理方法、很強的工作效率，仍是不夠的，我們更需要一個好的協作的能力，需要有一個很好的願景，例如我們完成這個專案的目的是什麼？只是協助客戶完成一個會議呢？還是在過程裡，我們把整個團隊的向心力凝聚起來。

這也是第一次，在我腦海裡，這麼清楚地浮現出 4C1A：create（創新）、compete（競爭）、control（管理）、collaborate（協作）、attitude（態度）這五個關鍵字，而這正是現代工作者所需要的。

機會不是留給準備好的人，而是留給願意改變的人

上面的經驗讓我很震撼，我從那個時候才開始發現，要能夠走得長遠，直到最後得到一個成功的結果，光靠任何單方面頂尖的能力，並不足夠。後來在一家全球前五百大科技公司的經驗，也再次印證了這個想法。

在二〇〇一年，我當時負責為這家公司打造一個知識管理平台。就人資部門的角度，其實這樣的任務一開始就具備了一定的使命感，因為我們相當清楚要建立的不只是一套平台而已，而是一個「文化」。

目標非常清楚，之所以會有這樣的專案，是因為工程師的流動率是高的，而我們需要把他們的知識留下來，這是從任務（task）的角度。另一方面，我們也必須把工程師，以及CEO當成內部客戶，這是從人（people）的角度出發。

為什麼呢？

因為要促成這件事情，知識管理就不僅僅是一項「任務」這麼單純。要知道剛剛處理完客戶問題的工程師，可是非常疲累的，根本不會想要做什麼知識分享。因此我們必須從「人」的角度去研究他們的「作習慣，從「策略端」去想需求，再從「執行端」去想怎麼設計一個方便、友善的平台，讓大家接受KM這樣的習慣。

這當中，牽涉到大量態度面（attitude）的議題，因為要在工程師不習慣的作業環境裡，要求他們投入心力進入知識管理的內容，這需要很強的變革管理的思維。

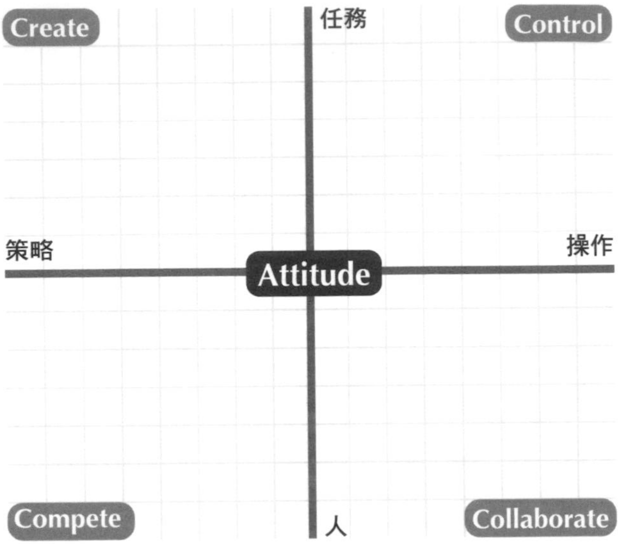

這個專案後來大獲成功。這樣正面的案例也讓我意識到，一個各方面的角色都很平衡，並且面面俱到的循環，事實上是有助於企業去面對一個更為艱困的挑戰，以及得到長期性的優勢。所以在後來，我嘗試去整理過去二十年龐大的資料、經驗，試圖把這些零碎的資料拼湊起來，建構一套系統性的知識架構。

我從過去的 4C1A，再加入了「人」與「任務」、「策略」與「操作」這四個構面，就像上圖中所顯示的一樣，逐漸形成一個完備的系統。

透過這張圖檢視，就可以很清楚的理解在一開始的時候，為什麼我們會說，**單方面的能力不是唯一的解決方案，我們無法只透過競爭、管理、創新、協作任何一個單點來獲得真正長久的成功。**他們當中的任何一項，都無法無限擴大、替代而成就一個整體。

還記得上面說的生活與工作平衡的事情嗎？生活與工作本身是一連串時間與行為的組合，把他們硬是切割開來，再去尋求平衡，自然是困難重重。但是如果我們可以用 4C1A 的角度去檢視。就能輕易得到一個答案。

例如你很有成就，但這樣的成就是用犧牲健康換來的嗎？或是你很有成就，但是因此獲得更多的快樂嗎？你的家人是因為你的成就而受益呢？還是受害呢？用這樣整體的視角去解釋，就可以發現，一個真正最終的成功，一種真正能耐得住時間考驗的長期性卓越方案，是不斷透過這些元素的循環與平衡而完備的。

在後面的章節，我們就將一一地按照 mind、heart、body，分為十二個主題，逐一介紹這當中，各自隱藏的細節與關鍵。我將在最後一章，把 4C1A 分成五個主題，告訴大家它們是如何運作的。

我非常期待這些內容，可以協助職場上的工作者，用一個更有效率、更平衡的方式去追求成功。也希望透過這些寶貴的資料，提供企業作為參考，讓大家知道一個成功的專案，不只是本身頂尖的技術，還要用對人、用對方法，更重要的是要有正確的價值觀。

而你也會發現，當這些能力，也就是4C1A在高速運轉的時候，其實我們是感受不到他們任何一個單面突兀地存在的。因為此時，這些能力已經融合成為一個整體，在運作的時候，我們只需要在某些不足的點做些微微的修正，就可以讓這部成功的引擎不斷向前。

我想也唯有透過這樣的方式，「成功」這兩個字對我們的人生，才能產生真正的正面意義與價值。

CHAPTER 2

Mind Set

腦中的純淨

一對話 ❶ 一

【思維】丟掉紛亂，找回清楚、犀利的大腦

閱讀本章前，請試著思考自己是不是有下面的情況：

□有時我會在疲憊、或是情緒不穩的時候，被迫思考一件重要的事。
□我在溝通時只要一聽到別人的話，就忍不住立刻想要表達當下的想法。
□我在每一次遇到任務時，總是不假思索，立刻按照經驗來進行後續行動。
□當別人問我有什麼想法時，我經常腦中一片空白，不知該從哪裡開始思考。
□我常常覺得自己思考不夠深入，進而表現出沒有自信的態度，被人質疑。

現代人在步調快速的社會中生存著，效率至上的觀念無形之中影響著每個人，讓我們經常急於展現解決問題的成果。例如在職場中，大家總是希望要試著說得更多、更快，更常表達自己的想法，告訴自己必須表現的更熱情，以順利地推銷

出自己的想法。

可是我們卻往往忽略了「思考品質」這件事的重要性，畢竟有正確的源頭，才會確保自己往對的方向前進。

那麼，該如何面對思考這件事呢？到底我們該想什麼？不該想什麼？以及要怎麼想？

思考的三種路徑：經驗、資訊分析與洞見

在人類整個思維的過程中，其實一直存在著三種大家最熟悉的路徑。

第一種是憑藉過去的經驗與印象來進行思考，這也是一般人最常用、最直接的思考方式。第二種思考方式就是我們會透過分析，無論是分析資料、分析別人的意見、或著分析環境的訊息，來做出對事情的判斷。**而第三種思考方式，也是最神奇的，就是有部分人會在大腦中產出「洞見」（insight），這種思考可以透視事物，得到一個想法，在很短的時間內看見事物的大方向。**

我們對第一種思考方式最熟悉，這是因為人的大腦有累積與學習的功能，所

以往往在解讀事情的時候，記憶是取得資訊最方便的方式。我們會借用過去的經驗與記憶，盡其所能地把它用在判斷當下的事物上。

當你要去買一間預售屋，腦中可以立刻提取許多「有用的記憶」：從對周遭環境的印象、住戶水準、好地段壞地段、淹不淹水，到建設公司的口碑……。一切判斷就像是大腦的反射動作一樣，過去的經驗會自動提供你該如何解讀手邊的事情，尋找答案。

第二種思考層次比較細緻，就是分析。我們會去尋找經驗之外的其他資料，然後開始進行分析，或是把這些資料透過我們的經驗先分類、整理，以方便我們來做出結論，得到一個想法。

分析思考的過程比經驗思考來得具目的性、功利性，所花的時間也會比較多，因為我們希望依照當下的需求，比較得失輕重與優先順序，找出可靠的答案。比如購買電器用品，常常上網去比較各種產品的功能、價格，也很仰賴達人、知名部落客的意見。

第三種思考方式最為耐人尋味，就是透過洞見（insight）來判斷事物。這個部分不只需要經驗值與分析能力，更需要的是聯想的能力，還有豐富的想像力。

它有的時候可以幫助我們看到一般時候所看不到的情境，這也是一種思維的方法。

這三種不同的方法，都可以協助我們思考出一個結果，無論這個結果是好是壞。當然最核心的是洞見的部分，因為這會讓我們較有智慧的去處理事情，或是比較能夠有同理心去理解一件事的發生，以及所面對的問題，是怎麼樣的一個問題。

思考路徑的陷阱：別相信司機的知識

很顯然地，如果我們是從自己的記憶、經驗去判斷，或著解讀事物，往往會造成一些偏見，因為個人的經驗不代表我們可以利用它在一個不同的情境、時空背景下面得到同樣的結論。

主觀或偏見會影響我們的決策品質，例如人往往喜歡報喜不報憂，往往很難接受忠言逆耳，我們的大腦習慣把感覺舒適的事物與正確性做連結，看到一個美麗的女子就認定她有氣質，看到穿著平凡的人就論定他的財富想必爾爾，常常因此做出錯誤的判斷。

但經驗法則也並非一無是處。透過經驗進行思考，比較適合處理重複性的問題，例如天空陰陰暗暗，就記得帶把傘出門，當問題老是以一模一樣的樣貌出現時，經驗可以協助我們快速做出決定。

比較好的方式，是在經驗之下，我們又運用「分析」來進行思考。「分析」是大家在職場中最常使用的思考方式，也可以說是大家認為最有效的方法——如果分析的資料來源正確的話！

用分析進行思考，重點不在於你取得資訊的多寡，而在於你是不是有足夠的能力判斷資訊的品質。

國外有句俗諺「不要相信司機的知識」，隱喻的就是我們經常會遇到一些「專家」，行為舉止表現得好像他們的確知道，但事實上只是虛有其表，他們非常有說服力，但其實又不完全的準確。

所以當我們要進行分析式的思考時，最好從很多地方蒐集論證，不斷得到新的證據，推翻想法，這雖然會消耗掉比較多的時間，但是所得的結果通常也比較嚴謹不草率。

在一些我們非常熟悉的特定領域，經驗與分析有時會內化在我們的腦袋中，形成一種最為特別的思考能耐，也就是洞見。洞見是大家公認最有智慧的一種思考形式，有時能幫助我們得到令人驚豔、完美的答案。

在許多時候洞見思考甚至比經驗思考速度還要來得快，彷彿是一種瞬間跳躍性的思考力，就像史蒂夫·賈伯斯（Steve Jobs）這樣天縱英明的創新者。他們的思維能力的確非常與眾不同，有很棒的洞悉能力。有的人是具備很好的分析能力，再用非常跳躍的性質，直接抵達一個最棒的結果。但是有些人則是接受過快速思考的環境洗禮，所以他們的遠見跟一般人不太一樣。

設計你的思考環境

所有的人，都在想該用什麼方式進行思考，但卻忽略真正的關鍵點，在於我們是處在什麼樣的心靈環境下思考的？

例如當你極度憤怒的時候，可以腦袋清楚地分析，或是飄出什麼樣的真知灼見嗎？我們應該要先學會了解自己的思考模式是哪一種。並且選擇對自己最為有益的思考情緒。

我記得國二的時候有一次上文學課，作家是一位曾經在中國生活了四十年的美國人，她把一段關於中國農村的回憶寫成故事。當這個故事進行到有位老人死亡的情節，作者描寫老人有一道很長的白鬍鬚，在去世的當下，那撮鬍鬚就直立立地挺在空中，我跟同學看到這段文字忍不住笑了出來，因此被老師罰站了整整一堂課。

在當時，我跟同學覺得有些冤枉，但又說不出個所以然來。後來仔細回想，我覺得當時雖然讀的是文字，但我們思考的卻是一幅鮮活的畫面。從文字去幻想成一個具體的畫面，這可能是很好的一種思維的練習，可惜當時制式的教育可能沒有意識到這一點，可能只希望大家背誦文字，不需要有太多思考，更不用說去設想作者為什麼要寫下這個故事。

有時看見一個畫面，進一步預見一個未來的圖像，比文字、規定，更能引導出一個有願景的思維。

我們現在在職場上，有更多的機會會遇到這樣的情形，企業在描述願景的時候，如果用文字、公司的規則，那麼大家的思維模式多半都是模糊的，也就是說，我們並不清楚當時的思維模式是處在哪一種階段。但其實只要換個方式，用說故事的方式去描述，一幅未來的景像可能就立刻清晰可見。

對於歷練一個有用的思考能力，我們可以練習回想，平常在做決定的時候，到底是以我們的經驗，或著熟悉的場景、畫面裡所碰撞出來的一個決定，還是完全是靠分析的結果。我們能不能練習用更多洞悉的部分，來協助解讀問題。

有時我們也會聽到自己一個內在的聲音：「憑我的經驗，這樣做一定沒錯！」或許我們可以提醒自己，這未必是一個最正確的方式。

在分析的時候，最重要的是我們取得的資料是正確的嗎？我們所訪問的人或是聽到的訊息是可信任的嗎？所以如果多方面地問問題，可以避免一些錯誤的想法。

最後就是，**在思考的時候，多問一下自己的心情，因為情緒會影響思維的方式，所以問問自己今天的心情是怎麼樣的**。如果是處於一種比較低落負面的情緒，確實很難有一個很好的結論。所以盡量讓自己的情緒處於積極、正面的情緒之下去思維，這樣可以協助我們得到更好的解決方法。

閱讀本章後，請試著做做看下面的練習：

- □每天撥出半個小時，透過閱讀時事文章、觀看影片，增加自己對於外界知識的資訊量。
- □每天安排一個精神飽滿、情緒平穩的時刻，來針對重要問題進行思索。
- □遇到問題時，先想一下什麼是正確的提問，進一步釐清解決問題的策略有哪些，再進行對策略的分析。
- □透過隨時對周遭的事物保持好奇心，訓練自己的觀察力以及思考的速度。
- □試著將紛亂的思緒進行重組，把他們轉換成一幅幅可以想像的畫面，觀看這個畫面當中你的位置，進一步再思考在畫面當中的你該怎麼做。

一對話❷一

【願景】如何為未來找到一個夠高的位置？

閱讀本章前，請試著思考自己是不是有下面的情況：

- □每一週，我只是不斷地在忍受工作，我的目的只是想辦法撐到週末假期。
- □我總是把時間花在應付當前工作，很少思考下一步，對未來沒什麼想像力。
- □我有許多願景一開始喊得震天價響，但到頭來卻都變成不切實際的畫大餅。
- □我心中的願景常常改變，有時候我不知道自己到底該朝哪個方向努力。
- □周遭的人總是被我弄得很模糊，我無法很清楚地跟他們表達我的願景。

在打造自己成為一位領導者的道路上，「願景的力量」（The Power Of Vision）是至關重要的事情。**因為願景培養我們對「下一步」的熱情，也因為有**

願景，我們會開始不僅著眼於眼前的事物，會進一步養成高瞻遠矚的遠見，知道方向，然後聚焦，保持「可以更好」的態度，不讓人生侷限於得過且過。

求學的時候，我的一位大學教授曾經問我一件事：「妳覺得在五十歲的時候，健康狀態會是怎麼樣的樣貌？」我當時回答，希望自己的身體在五十歲的時候還能夠正常地運作。

教授試圖進一步引導我，他問道：「可以更具體一點嗎？」我因此能夠清楚地回答：「希望在五十歲的時候，自己可以很輕鬆地做做三十分鐘緩和性的運動（例如慢跑、散步、爬樓梯）。」當時我只有二十幾歲！

後來意識到，教授的重點是要提醒我，為未來的健康描繪清晰的「樣貌」。這對人們而言，是非常重要的。

大家的「未來」都不一樣，可能是三十歲，可能是五十歲，甚至於更老的年紀。到那個時候，我們的身體狀況會是怎麼樣的呢？

很多時候，我們並不容易去想像未來的身體狀況，而是基於當下，也就是生病了，才意識到健康的重要性。也就是說，**人們通常對較長遠的時間是比較缺乏「自覺性」的，無論是健康、家庭、人際關係、或是工作，通常是面臨障礙，才**

開始思考。

很多人認為願景很模糊，其實不然。仔細想想，就會發現願景只是把思考的時間軸拉長，它並不抽象，有時候甚至比工作上的策略與方法還要具體。

三個關鍵能力，打造願景的力量

某種程度上，願景對個人而言更具體的意義，就是一顆自我的「期許之心」。為什麼我們會需要一個預見未來的能力呢？就是有這樣的期許之心。

對自我的期許並不是空穴來風，很多時候是基於自己最強的優勢。每個人經過一段時間的努力過程（求學、社會化），會淬鍊出自己較為擅長的事物，這些事物往往能為自己帶來成就感。期許則是站在這個基礎上，調動更龐大的熱情，讓我們能用更高的標準來完成目標，更願意尋求改進空間，不輕易滿足於「還可以」的模糊標準。

一個帶有期許之心的人，除了熱情之外，通常也具備豐富的想像力。這也是有助打造願景的第二項關鍵能力。

真正有價值的想像力比天馬行空更具策略性。全球創新式破壞大師，同時也是哈佛教授的克里斯汀生（Clayton M. Christensen）描述這樣的能力為：把不同知識領域、產業、地區的東西，建立出人意料的連結能力。

因為未來還沒發生，因此我們需要一個「想像」，而這個想像，是著眼於目標的價值基礎上。

我們可以試圖問問自己：我習慣如何將不同領域的事物聯想在一起？這樣的過程通常是在什麼情況下發生的？

很多優秀的領導者知道有助於產生想像力的時間與地點，他們知道什麼如何運用「放鬆的情緒」來冥生聯想，這也跟打造願景的第三項關鍵能力「如何保有獨立思考時間」息息相關。

在這個繁忙的都市裡，我們做事情想東西其實都需要靜下心來，才可以做得更快。所以西洋諺語說：「Slow down, move fast.」有許多創新的企業例如3M、Google，他們甚至把這個部分設計成工作流程的一部分，願意給員工自己可以自由發揮的空間。

上面三點都可以讓我們的願景有實踐的方法，而我們要如何培養這些能力呢？在忙碌的日程安排中，下面是一些可以在生活與工作中運用的技巧：

■擴大視野

成語說物以類聚。我們總是跟自己相近似的人事物聚在一起，所處的環境其實極為單一。應該花時間接觸具有差異性的資訊、人際關係，從中觀察和自己的不同點。多看多聽少說，找出不同，在生活中花時間學習新的事物，有助於我們看得更深更遠。

■跳出舒適圈

英國經濟學家E・F舒馬赫（E.F.Schumacher）曾說過一句名言：「一盎司的練習，通常比一噸的理論更值得。」當我們工作到達一定的水平之後，將愈來愈容易把事情做到一定的水準，因此也開始不太在意能不能更進一步，專家稱此為「OK瓶頸」。

但對於遠大的願景而言，如果不投入時間精進能力，是不可能會有突破性的品質，我們在看到清楚的目標後，應該要更時時鞭策自己，保持挑戰現狀的動力。

■學會自我激勵

心態是願景之母，也就是我們要對未來充滿希望。假如我們連自己都無法激勵，那更無法激勵夥伴朝願景邁進。我們可以時時養成激勵的習慣，保持樂觀的態度，再把這種態度聚焦於工作上的態度，為熱情列出優先順序，想方設法讓創造願景的過程，得到收穫以給自己一些獎勵。

■靜思定位

在日常生活中找出一個比較安靜、高品質的時間給自己。好好問自己，在未來的定位是什麼？丟掉過度的社經地位枷鎖，好好想想「我是誰？」、「我想要到達哪裡？」、「該做哪些事情才能辦到？」

■視覺化願景

例如我們之前說過的故事，假設這個願景是與健康有關的，就想一想自己在五十歲的健康狀態，不只是說要運動，還有自己的體態、外型、樣貌，盡量把五十歲的自己想得很清楚。

可以把健康，從內到外透過畫面描述出來。這樣的過程也可以運用在自己的事業、財富，或著是生涯規劃上。

成就感往往比成功更具吸引力

許多人認為擁有願景的人，因為較可以掌控自己的人生，所以比較容易成功。我想分享一個不同的觀點，就是對自我而言，成就感往往比成功更來得引人入勝！

有很多人不一定有很好的規劃，或著沒有這樣的遠見，就能獲得一個不錯的人生（很多是指財富指標）。我們形容這樣的成功，可能是因為好運氣，而不是他自己設計出來的。所以在這裡，我認為成就感的價值會比成功高一點點。

因為有願景有想法，我們會啟動很多的準備。當這些一步步的準備在人生不同階段都有所獲得的時候，那無疑對自己的人生將更珍惜、更快樂。

例如我畢業於商學院，一開始對自己的職涯也是順其自然。一畢業後就進入企業從事行銷的工作，在七、八年的行銷領域當中，獲得很好的經驗，雖然在別人的眼裡感覺很成功，但總覺得少了那麼一點點成就感。

後來我花了時間分析內心的期許，**發現能夠「影響別人做出改變」這件事更**

能激起自己的火花，因此就願意放膽嘗試做一個很大的轉彎，離開行銷環境，非常冒險的進入人力資源領域。

現在想起來，當時的我對未來思考很久。我在想，除了能夠發展自己，另外還能運用哪些影響力去幫助其他的人，讓所有的作為對自己的同事、周遭的社會，有更大的貢獻。

當時我彷彿看見未來的圖像，看到即將超越過去的自己。這中間不用多說有很大的挑戰，不過我想人生就是這樣，有壓力才會有成長。而在未來的願景裡，我們不只是協助自己成長，而是讓周邊的人也可以有很正面的能量。這樣的願景人生，我想就是每一位學習如何成為領導者的人，都很願意面對的一個充滿成就感的未來。

閱讀本章後，請試著做做看下面的練習：

□ 今天就選擇一件小事情小習慣來進行調整，體驗一下「當下改變」的心情，並且在做到之後，給自己一個小獎勵。

□在朋友圈裡找一個能夠作為標竿的對象，進行觀察，並與他們討論他們的願景，以及想要達到的位置。

□每個月安排一個安靜的時間，好好想想「我想要到達哪裡？」、「我這個月做了與這件事相關的行動嗎？」、「那麼下個月該做哪些事？」這些問題。

□試著把腦海中抽象的願景，轉化成一幅清晰的圖像，並記錄下來這幅圖像有哪些具體的指標。

□仔細檢索自己目前的工作項目中，哪些是與願景有關的，並嘗試用比較有野心的方式，為它們訂出更高的目標。

對話❸

【方法】不要恐懼問題，找對方法

閱讀本章前，請試著思考自己是不是有下面的情況：

- □有時候按照自己的經驗法則做事，但結果並不如預期，甚至是完全相反。
- □在處理問題時，有很多處理方法，但是不知道哪一個方法才是最正確的。
- □因為看不到事情的全貌，所以處理起來東漏一塊西漏一塊，無法面面俱到。
- □遇到棘手的問題，經常因為不知道該怎麼辦，就採取拖延的方法。
- □對任何事，腦袋裡就只有原來的那唯一的一種方法，常常不知如何變通。

大家總有一個疑問，為什麼有些人總是能夠非常有邏輯地處理問題，不僅是對於那些熟練的部分，有時甚至面對一個從未處理過的難題，也能有條不紊地進行拆解？他們是怎麼辦到的？

我接觸過許多優秀的高階人才，他們總是能很快地描繪事件全貌，抓住重點，並且在應該下功夫的地方多有巧思。他們非常擅長「做對的事」（Do the right thing）。

這就像是搭對方向的火車，再慢都會抵達終點；要是方向錯誤，火車愈快反而讓我們離目標愈來愈遠。因此講求方法的訓練，對領導型人才的養成真的非常重要！

活化大腦中的想法、看法與方法

通常我們容易以結果論來判定方法的好與壞，這是後見之明。一位優秀的領導者比較著重於在發現問題的當下，就能迅速地整理出想法、看法與方法，用不同的觀點與角度切入，理清思路，以便掌握正確的訊息。

想法、看法與方法有什麼不同呢？

「想法」就像是一則故事，由情境所塑造，人會依照想法來理解事情大致的全貌。而「看法」則是把這個故事裡相同的事物結構化，歸類為一個個的架構。

最後，「方法」就負責把這些架構「程序化」，也就是釐清處理的優先順序。

所以一般是先產生想法、看法，才會去思考方法。除非這件事簡單到不用思考，或是已經有很固定的模式可以照著做。

很多時候，在面對比較複雜的問題時，想法與看法是一個循環互動的過程。**重要的並不是誰先誰後，而是不要停留在「單點」進行思考，然後忽略兩者的連貫性。**

停留在任何一個單點，例如一有想法立刻採取對應方法，可能會缺乏邏輯，東做一塊西做一塊。而想都沒想過，就依據當下的看法所產生的方法，很有可能因為缺乏對全貌的理解，多有缺失。金字塔原理中講求的「彼此獨立、互無遺漏」（Mutually Exclusive, Collectively Exhaustive）指的就是這個部分。

所以那些一遇到問題就能迅速拆解出解決方案的人，一定是在有了想法、看法之後，還會花時間反覆思考想法、看法，然後融入到方法裡，因為這樣會比較周全。

問對問題，找到正確方法的第一步

方法一旦產生，願景、流程、困難點都將會有一套依循之道。問題是我們很難在第一時間就得到正確的方法。可能是因為得不到充分的資訊；可能是沒有辦法向別人表達自己做事的觀點，而不被他人支持；也可能我們已經想了很多方法，但還在揣測老闆比較喜歡哪一種。

不過大家有沒有想過，試著用問問題的方式去尋找答案呢？其實尋找方法論，就像是一場正確提問的旅程。

美國創新領導中心（Center for Creative Leadership）曾經對近二百位成功的企業領袖做研究，發現這些人都有一個共同特徵，就是他們非常懂得問問題，以及創造發問的機會。

一個好的問題不只是能找到答案，許多時候還能引導團隊激發創意、解決問題、走出新方向。

提問也並非隨便問問題，而是依照前面的想法與看法，產生「目標↓現狀↓落差」這樣的提問方向。

我們在找「方法」的過程中，要了解的第一件事，就是知道到底要改變什麼？要解決什麼問題？例如自己未來的職涯規劃問題，或是三十年後的健康問題。現在的狀況是什麼？我知道這裡面的差別是什麼嗎？除了年齡上的差別，身心與能力的狀況又是怎麼樣？

簡單地說，按照「目標↓現狀↓落差」的方向，我們可以釐清要改變的是什麼？不同的地方在哪裡？可能有時候是要去犧牲的，或著是去思考不要的東西又是什麼？例如像換工作，當下失去很多，可是很清楚未來可以獲得更多。

那我們怎麼樣去衡量這是一個好方法呢？我的經驗就是在不斷追求目標的同時，按照所訂定的解決方案，能不能夠從中得到成就感。這個成就感可以是問題解決，也可以是精神、物質上的有效獲得。**成就感會讓你不斷往前走，不斷往目標前進，也有信心修正方向，找出更適合的方法。**

問對問題，以及找對方法絕對需要練習。依據我與全球許多成功領導者的共事經驗，我發現他們有一些很好的習慣與技巧，可以協助培養一顆「有方法的腦袋」：

■保持開放

那些善於解決問題的人，他們涌常面對事情採取比較全面、開放的觀點，比較願意打開窗戶思考（Open Mind），不會陷在一個單點來想事情。他會根據未來的面貌來思考，也不會是一個斤斤計較的人。

■有目標的提問

在解決問題的時候，有策略方法的人，一般都很重視問題核心的分析，然後按照層次、先後，一項一項提出「具體」的問題。例如強調的是我（或我們的公司）現在在哪裡？我們要變成什麼樣的人？我們需要跟誰合作？需要什麼樣的人才、客戶、供應商？該運用哪些管道到達這個目的地？

他們運用目標式提問建構出一套方法論，也可以說是一個策略方法的流程。

■不被拖延蒙蔽

有一個最重要的是，如果你今天覺得要做一件事，那就不要託辭了！說來也簡單，這其實是一種成功者的習慣。優秀的人非常富有「實驗精神」，如果他們覺得這個方法是好的，在建立假設之後，他們腦中會盡快產生實驗的想法，不會躊躇不前。

■放膽挑戰的思維

有時我們不願意改善，無法解決問題，不見得是找不到好方法，而是不願意嘗試挑戰，所以常常拖泥帶水，喪失了解決問題的先機。善於解決問題的領導者，他們通常不會閃避困難，也能避免便宜行事的誘惑。這些優秀的人很樂意藉由探索新方法，來拓展自我能耐的底線。

機會，藏在克服挑戰的實踐裡

就我個人的經驗，一個人的職涯就宛如不斷發現問題、面對挑戰、解決問題的歷程。

例如我當初在思考轉換職涯的時候，已經是企業裡的行銷總監了（那可是一個相當不錯的位置）。**但如果當時想的是：職稱、薪資下降，還要重新適應新環境，面對打掉重練的風險——如果只著眼於當下，那麼，就不會有現在的我。**

在轉換人力資源領域的當下，我很清楚知道自己現在在哪裡，也知道五年後的定位是什麼，因此給了自己五年時間，展開計畫。

一旦清楚未來的定位，所有的問題就像是一幅藍圖，我開始分析所面臨的挑戰該選擇哪些方法來解決。那時想的就是幾個關鍵環節：該與誰合作？自己跟人力資源最有連結的一項能力是什麼？

因為過去從事行銷專業，所以我從行銷面，也就是如何行銷培訓課程開始著手，它是讓我最快可以踏入人力資源領域的一個環節。就這樣，我用五年的時間，讓自己對於培訓的知識，得到最豐富的境界，後來甚至扮演培訓顧問的角色。

我當時從一個行銷總監，進入一家美商高科技背景的企業成為培訓經理，慢慢地接觸人力資源比較專業的部分。我相信有許多人有同樣類似的經驗，我們當然可以把這些都視為難題，但也可以視為機會。如果我們「不想」釐清定位，正視最關鍵的問題，以及沒有面對問題的勇氣，那麼再好的未來也與自己無關，因為我們將會看不見機會在哪裡。

閱讀本章後，請試著做做看下面的練習：

- □ 在決定怎麼做之前，先對全貌進行了解，爭取他人的意見或補充資訊，確定正確的問題點，再著手想怎麼解決。
- □ 練習在選擇方法時，以短期、中期、長期的效果來衡量，並且試著建立優先順序。
- □ 遇到問題時，換位思考，練習站在對方的角度看問題，再看看對方與自己在想法上，有哪些相同的地方，或是不同的地方。
- □ 遇到棘手的問題，與其拖延，不如試著運用可動用的資源立刻展開實驗，不要使問題延宕。
- □ 遇到相同的問題，隨時給自己一個挑戰的目標，看看有沒有其他更快、更好、更周延的解決方案。

【創新】新想法與靈感，使人成為先驅

閱讀本章前，請試著思考自己是不是有下面的情況：

- □我總覺得自己是個沒有什麼創意的人，自己生來就不具備有創意特質的腦。
- □有時我也很想嘗試一些創新的事，但我很怕做錯事，把一切弄得更糟。
- □就算我有創新的想法也沒用，因為身邊的人或是資源沒有辦法讓它們實現。
- □我做了很多創新方面的投資，但是它們往往無法為我帶來立即的回報。
- □我跟大夥兒進行腦力激盪的會議時，常常太多的創新，反而使大家離題了。

我曾經到一家高科技企業分享創意與創新的議題，這家企業有一位非常有創

新頭腦的 CEO，時常提出一些很具顛覆性的 idea，領導作風也很開放。

當時台下的聽眾大概有二十幾位主管，他們提出很多問題，最多被提出的問題是：有創意固然很好，但是要怎麼樣才能讓創意更具周延性？以及如何才能有效地落實創意為創新思維？

原來，這家公司雖然鼓勵創新，但很多時候，許多高階主管認為，大家的點子都不被 CEO 認可，在實際面臨的挑戰上，事實也證明確實是 CEO 想得比較周密，比較可以實現。於是這裡就產生一個衝突點，對主管們來說，他們容易因為意見不被採納而心生沮喪，但同時卻又不得不承認，跟 CEO 相比，他們往往沒有辦法想到很好的創新點子。

看來要打造一個有創新思維的腦袋，或許真的是需要一些條件。

驅策創新思維的三股力量

■保有好奇心

我過去的工作有很大一部分，是為企業培養人員，使他們變得更具創造力。

撇開琳瑯滿目的技巧性課程，通常我們在一開始最常運用的方式，就是會灌注一個概念：鼓勵夥伴們「跳脫框架思考」（think outside the box）。

至於如何跳脫框架思考呢？我非常鼓勵同仁重拾年輕時期的「好奇心」。**好奇心絕對是驅策創新思維的第一股關鍵力量，因為它可以使我們保持對環境周遭的敏感度**，永遠處在一個學習的心態。

我想許多主管都有同樣的經驗，會在求學與職涯的發展歷程中，取得各式各樣的文憑與專業證照。但是當位置逐漸往上攀爬時，我們的好奇心卻直線下降。也許因為愈來愈忙碌，或是已經累積相當成熟的經驗，在「現在」的位置上，我們的確很難再保有像年輕實習生一般的好奇心。

重拾年輕時的好奇心說穿了終歸一句：就是永遠願意學習。想要成為一位領導人才，最重要的就是要非常渴望追求新知，並且多加善用傾聽與觀察的技巧，培養好奇的習慣。

■不安於現狀

好奇心的習慣並不會平白建立，許多成功者的例子告訴我們，通常那些具有好奇心的領袖，大多非常不滿足於現狀，這也是驅策創新思維的第二股關鍵力量。最有名的故事，就是蘋果電腦創辦人賈伯斯（Steve Jobs）。1984 年，賈伯斯在第一次公布麥金塔電腦的發表會上，使用了一個許多人至今仍然記得的字眼：「棒到極致」（insanely great）。

這幾個字其實蘊含了許多蘋果電腦的文化底蘊，他們包含：

▼夠好了就是還不夠好（good enough is not enough）

▼另類思維（think differently）

▼簡單到不可思議（amazingly simple）

也就是這樣的精神，讓他們不甘於現狀，不滿足於 IBM、HP、微軟、Nokia、Sony 的固有模式，而發展出許許多多在二十年前看起來是天馬行空的創意。

■擴散式思考

但空有好奇心與不滿於現狀的思維，還不能夠使蘋果電腦能夠將創意轉換成具有價值的行動，他們最重要的，也是大部分高科技公司最擅長的，就是能夠想辦法將創意快速實踐為具體的流程與解決方案。

不過稍等一下！

很多人對此有所誤解，實踐並不是說一有想法就立即去做，這裡著重的是，**多樣化的體驗能夠讓你進行「擴散式思考」（divergent thinking）。這種「擴散式思考」，才是驅策創新思維的第三股關鍵力量！**

許多執行力很強的主管喜歡聚焦於有效解決手邊問題，如果思考的結果跟期望獲得沒有關聯，他們就會覺得浪費時間。但是我們不可能預知未來需要哪些創意，很多創新，是把點點滴滴的創意串連起來，才開花結果。

所以創新必須某種程度的不設限。例如愛因斯坦（Albert Einstein）就是把牛頓（Issac Newton）的時間與空間理論拆解開來，提出了創新的相對論。他的大腦著重於思考「怎麼樣才能運作得更好？」而不限於單一領域。在培養創新思維的過程，我們應該建立一套快速擴散性思考的習慣，很快地透過聯想與連結，去思考新的解決方案。

要有創新的腦袋，一定要無時無刻培養「好奇心」、「挑戰現狀」、「快速擴散思考」這三個面向。

有了這三大面向的思維，就會產生一股創新思考的「節奏感」：思維必須與眾不同，那還不夠，還需要有改變現狀的勇氣，然後最重要的是用很快的速度進行擴散思考，以便把創新的點子落實。

創新思考時常掉入的陷阱

我們在培養員工進行創新思維訓練的時候，最怕大家「為了創新而創新」。

這是什麼意思呢？

許多人經常遭遇到的經驗是，想了半天，愈想愈遠偏離主題，根本看不到這樣一個創新思維、願景，所帶來的價值是什麼？

所以我們在工作中碰到問題的時候，一定要聚焦與釐清，如果要進行這樣一個創新的話，那麼對於我自己，我的工作，我的組織，乃至於整個流程面，會帶來哪些障礙與風險？我們必須做出多大的改變，才能完成這項創新，它值得嗎？

第二個很重要的問題是，我們要如何適應這個改變？要多久才能適應？過渡時期產生的障礙風險該怎麼把它處理掉？

創新一定是好的嗎？不一定！

我們在進行創意、創新與願景的發想時，還是要回到這些思考對企業、組織與個人的價值是什麼？對周邊的環境、社會的影響又是什麼？如果都是正面的答案，這樣的創新才是具備價值的。

而在創意與創新的道路上，有些雜亂的思緒也必須在自己的大腦中進行釐清。到底我們是把創新視為一個問題的解決方案呢？還是它只是一項工作？或著是一項真正有價值的改變？

讓創新成為改變的共振過程！

我認為創新就是一種「改變的共振過程」。我們把問題轉變為價值，然後將所面臨許許多多的障礙，轉變成是學習的部分。創新當然是一場冒險，但這個冒險卻可能帶出對未來有價值的機會！

改變不容易，尤其對組織裡的部門來說，它含有一定的風險。

我曾經看過一家全球化的企業，進行組織扁平化的結構創新。當時他們把工廠從美國搬到亞洲，有很多美國的高階工程師，必須面臨失去工作的風險，他們該如何視此為一個機會呢？

這時就仰賴組織方面在移轉工作與技術上的流程設計，要讓這些工程師非常樂意分享知識，也建立管道，讓他們到亞洲來工作，當然待遇和環境都會跟在美國不一樣。可是如果這些資深工程師沒有把它視為機會的話，就會按照負面的方式走下去。

所以在轉變的過程當中，心態是很重要的。大家看到的是一個機會，例如到亞洲這個新世界去嘗試挑戰，而不是看到即將失去一個工作。

所以我們在看待創新與改變的時候，不要只是看到負面的層面。必須先轉換心情，就可以較容易讓這些創新的解決方案、新產品、新思維，較容易實現。

在我們不斷透過工作歷練創新的過程當中，其實也是學習如何將它的能量，從淺到深、由小到大進行發展。如果是在一個組織裡，創新的價值也不該僅僅是幫助自己，還應該對部門、客戶、組織社群都有價值。當我們看見這些價值的時候，雖然障礙與問題還是存在，但是會變得比較容易克服。

閱讀本章後，請試著做做看下面的練習：

- □每一天規劃一段時間，廣泛地吸收資訊，不只吸收自己需要的資訊，也吸收一些看似與自己無關的資訊，建立廣泛的興趣。
- □對一些每天重複的事項，練習用不同的方式達成。例如試著走不同的路線回家，或是換個地方喝咖啡。
- □給自己一個失敗的空間，不要什麼事都害怕失敗，但是要記錄失敗的原因還有過程，並練習在下一次用不同的方法改進。
- □練習在工作之中建立一個更高的標準，甚至是不可能完成的任務，嘗試挑戰自我的極限。
- □練習跨界思考，把不同知識領域、產業、環境的東西串聯起來，看看彼此有哪些連結點，或是可以移植的地方。

挑戰與實踐

讀完這個 Chapter 後，給自己一個行動清單，並在完成之後進行勾選。

關於【思維】，我目前可以馬上著手改變的五件事。

□ 1. ______

□ 2. ______

□ 3. ______

□ 4. ______

□ 5. ______

關於【願景】，我目前可以馬上著手改變的五件事。

□ 1. ______

□ 2. ______

□ 3. ______

□ 4. ______

□ 5. ______

關於【方法】，我目前可以馬上著手改變的五件事。

□ 1.

□ 2.

□ 3.

□ 4.

□ 5.

關於【創新】，我目前可以馬上著手改變的五件事。

□ 1.

□ 2.

□ 3.

□ 4.

□ 5.

CHAPTER 3

Heart Set

心的穩定感

—對話❺—

【心態】你要被現實征服，還是正面地活？

閱讀本章前，請試著思考自己是不是有下面的情況：

- □無論是生活、工作或是情感，我總覺得自己做任何事老是提不起勁。
- □我總覺得成功離自己很遙遠，什麼是成功呢？心裡常常想著這個問題。
- □我知道自己有很多缺點，可是愈是在乎，就愈放不開，反而愈錯愈多。
- □我非常積極，一點也不喜歡輸的感覺，可是贏得愈多其實也沒有比較開心。
- □我現在負責的工作內容都是一些例行事務，這讓我做起來非常沒有成就感。

有一次我在TED x Taipei的演講聽到一個小女生劉安婷的故事。她是美國普林斯頓大學的高材生，一畢業就進入紐約一家醫療顧問公司工作，領著年薪大約二百萬台幣的高薪，每天過著人人稱羨的生活，像是出入高級餐廳，乘坐頭等艙，但是一整年下來，卻對工作沒什麼歸屬感。

她形容人生的「成功」就像是一塊塊餅乾，她和所有人一樣，藉由一塊接著一塊的成功餅乾來滿足自己的飽足感，但當自己已經吃到最飽的時候，卻發現仍然無法獲得滿足。

後來她回到台灣創辦了「Teach for Taiwan」，為偏鄉兒童奉獻，從一個一個影響孩子改變的工作上，找到了所謂的「歸屬感」。**她不只是為了物質（not for what），而是從自己的初衷出發（for why），反而發現了最無價的成功。**「原來最破碎的餅乾才是飽足的」她這麼形容。

看完這支影片我心裡很是震撼。因為同樣的九〇後，我們也可以看到有許多草莓族、高學歷打工族對周遭的生活是那麼的不滿意，這是現在全球年輕人的縮影。

是什麼造成他們這麼大的差別？

透過觀察年輕夥伴們在職場上的表現，我發現容易成功的人往往都有一個現象，就是當他們用很正面的態度看事情時，不管局面再不利，也都會慢慢變對。

生命的價值，百分之十來自遭遇，百分之九十取決於態度

若我們拉高制高點，以生命的角度來看「心態」就會更清楚。父母親給我們生命，給我們遺傳、家世背景，這些是不能改變的。**至於我們能改變的，是怎麼樣讓這一段生命活得更有智慧、更有價值，我把這個過程稱為「慧命」**。

「慧命」與心態、意願息息相關。

有些人生命充滿陽光與積極。有些人卻負面悲觀。這兩個極端的人生是因為他們的環境、遭遇、挫折的經驗不同，影響了對人生的想法。如何破解？重點就是去尋找出「慧命」。

首先我們必須要更深入了解自己，暫時拋開環境與別人對我們的想法，給自己多一點的獨處時間。「慧命」起始於一個非常內在的聲音。

「我願意做這樣的改變嗎？」

「這樣的改變，帶來的價值有多清晰？」

「如果不改變，我甘不甘願接受現狀？」

這些提問不難，只是幾個很核心、基本的問題。「內在聲音」是很個人的，

別人看不到，必須藉由自己的領悟。漸漸地，釐清這些問題，我們就可以把這些聲音轉換成意願。

「你願意做這樣的改變嗎？」確定有這樣的意願，態度面將會開始產生變化，會開始有改變的動機。這個時候，對事情的看法已經漸漸從對錯抽離，事情的好壞取自於內心的價值判斷。我們開始思考怎麼用正確的心態做判斷，以勇氣面對，以正面的角度協助生命成為慧命，成為自我掌握的人生。

心態如何影響一個人？

我看過很多負面心態的人，大家可以試著看看下面的徵狀。

負面心態的人，他會想得特別多，也沒有把握自己的未來該怎麼走。他後悔過去所做的一些事情，對於過去犯的過錯一直放不開，也放不掉自尊心。他非常在乎自己能不能夠被家人、同儕、同事接受，在意別人對他的看法，這樣的自尊心過度時，會讓人更容易朝負面心態發展。

為什麼呢？因為他把精神放在紛亂的思緒。遇到阻礙的時候，已經沒有多餘的力氣改變，寧可保持現狀，卻沒有能力跨出一小步。也許是受阻於缺乏信念的心理狀態，**這個時候，我的建議是要問問自己：真正阻礙我們改變的是什麼？**

反觀正面的人，他們在遇到一件事情的時候，會先了解這件事的來龍去脈，還有發生問題的原因。不只是了解，他還能夠延伸一些體悟與察覺，每件事無論好與不好，他都能有一些覺悟，最後能很正面地「接受」。

正面心態的人看事情會經歷過這三個步驟：洞悉、察覺、接受。這不代表他們已經解決問題，但起碼是帶著自信、衝勁出發！

我們能不能克服生命中許許多多的挑戰，心態具有決定性的影響。當你不把環境中的阻礙視為障礙的時候，這樣的態度將使你變得勇往直前！

心態如何影響領導力？

以我在外商企業服務的經驗，他們尤其重視主管在態度方面的表現。因為員工對直屬主管的觀感，會直接影響到對企業的評價。好的企業想要建立正向的企業文化，直屬主管絕對是維繫員工積極與否的關鍵！

講一個小故事大家也許都曾遇過。有些主管每天都在抱怨公司的不合理，然後整天吵著要離職，結果搞得大家都受影響，紛紛離職。到頭來，反而那位每天抱怨的主管依然待在公司。

對外商而言，好主管的專業＝能力＋態度。

以我大量處理人力資源的工作經驗來看，對於如何協助主管做到專業，並有效控管專業，印象十分深刻。

我經常從兩個面向觀察，第一個是主管對於自己心態上的拿捏。很多主管會正面過了頭而不自知，例如一個人非常有自信，太過自信就變成驕傲，他心裡其實看不起別人，在工作上認為同事都是笨蛋。最後，自己可能因為這樣的驕傲而誤了事。

第二個面向是看同事。如果你是一位主管，或是你知道周邊有些人有負面的心態，這樣身為主管的你，可以花時間去了解，為什麼夥伴會有這樣的心態？

通常工作上的負面心態來自三個方面：「恐懼感」、「否定感」、「挫折感」。仔細想想，這三種感覺，都是身為主管的你，絕對可以在第一時間就進行的輔導工作。有時只要你的一句話，就立刻可以消除這樣的心態。千萬不要等到員工提出辭呈，才開始後悔！

如何終結負面心態？

你的正面態度，永遠比能力還要吸引人。正向態度就像紀律一樣，是一種好習慣，但要做到並不太容易。所以我反過來思考，究竟負面態度是怎麼來的？有哪些方法，可以預防、甚至終結它們的產生？多年來我開始積極著手於下面三種習慣，我看過許多成功的領導者，也都保持這些練習，因此建議大家可以試著培養：

■從價值出發

在產生對錯的評價之前，試著看遠一點，去看到事情的價值。如果長期價值是有益的、正確的，那麼即使短期內將忍受痛苦，我們的心態也會比較願意進行改變。

例如我們在企業，會有所謂的價值主張（Value Proposition），希望每一位員工可以在公司裡落實一些價值觀。同樣的在家庭裡、同儕裡，我們都會發現價值觀，它是構建我們自我實現的中心思想，可以強化心態。

■以好奇代替恐懼

我們前面有強調，意願是影響心態很重要的元素。但如果意願是希望正面改變的，情緒上仍然不安，那該如何是好呢？我的經驗是可以在情緒上先進行轉換。

不期待心情 下子從最壞轉到最好。而是至少先把情緒從沮喪、反彈，拉回到好奇的狀態，去專注於思考這件事發生的原因，再慢慢挖掘事情的有益面。你可以試著觀察自己，是不是愈來愈能在「當下」處理事情。這種全心全意、專注、當下的心情，對態度有很大的影響力。

■保持開放與真誠

培養正面心態最棒的方式是與環境成為一個有機的組合。例如我們有沒有用心鼓勵或是協助別人。尤其是當你扮演一位領導者的時候，運用影響力比起運用權力有意義得多。因為人們會願意跟一位真誠的朋友在一起，更甚於一位完美的朋友。

當我們愈來愈開放、真誠地對待周遭，環境給予的回饋也會愈來愈強烈，逐漸形成一個正向的循環。因此我也建議大家經常去檢視，我們究竟有沒有把時間花在建立良好的心態上？

在後面的章節，我們將陸續談到激勵、堅持、信任的部分，這些都是協助人才向上發展的好方法，但最初始的，就是我們要先培養出一個正面、開放的心態！

閱讀本章後，請試著做做看下面的練習：

- ☐ 想像自己是一位發明家，嘗試在工作中，從最枯燥的部分挖掘樂趣。
- ☐ 挑一個星期一的時間，把這個時間幻想成星期五，試試看用「今天結束就是週末了」的心情工作，看看結果有什麼不一樣。
- ☐ 每個月找個安靜的時間好好回想，自己現在所做的工作對人生長期的價值是什麼？如果覺得沒有，就思考怎麼做才能讓它對未來發揮價值。
- ☐ 想像自己明天就要離職了，那麼你對同事、老闆、工作，會採取跟目前什麼不一樣的態度來面對，請一一寫下來，明天照著這份筆記試驗一次。
- ☐ 試著從自己最喜歡做的一件事，從中提煉出一些正面的態度，然後把這些態度用在自己最討厭的事情上面，試試看結果有什麼不同，並且記錄下來。

對話 ❻

【信任】用信賴感幫個人品牌鍍金

閱讀本章前，請試著思考自己是不是有下面的情況：

- □我經常因為太快承諾一件事情，結果又做不到，使得別人對我的信任大打折扣。
- □為了讓別人喜歡我，我總是會附和別人，即使違背我內心的真實意願。
- □我不願意跟別人正面衝突，可是私底下又常常忍不住對別人抱怨。
- □我跟同事只有工作上的互動，私底下他們是怎麼樣的人，我並不關心。
- □我認為只要工作成果證明我是對的就可以了，過多的溝通只是浪費時間。

在數位的時代工作，口碑傳播的力道遠超過想像，我慢慢發現，其實愈是全球化的工作者，圈子往往愈窄。大家也應該聽過六度分離理論（Six Degrees of Separation），它假設世界上所有互不相識的人，只需要很少的中間人就能夠建立起聯繫。

我們所處的，就是這樣的世界，**有時候局外人，遠比局內人還重要！強而有力的人際關係，經常是使事情圓滿順利的重要推手。**

那什麼方法能夠協助我們建立好的人際關係呢？

我認為是「信任」。正因為現在的人際關係大多數都是弱連結，我們透過很有限的相處卻仍然能交友廣泛，所以這些稀少的接觸機會必須有一個很好的開始，大家一定要有相對高度的信任，才能讓彼此的好感度油然而生。

受歡迎不是因為卓越，而是夠可靠！

有許多人認為，要贏得好的人脈最重要的是贏得尊重，但是我卻認為信任關係才是人脈中的最高等級。

想想看什麼樣的人，在沒有潛在利益的狀態下，仍能吸引你？

我曾經看過一本書，它裡頭談到如果要讓人覺得你很不錯，通常只要做到下面三點當中的任兩點：一、有紀律；二、有信任感；三、追求卓越。

它的邏輯是這樣的，如果你總是準時交件，大家又都很信任你，那麼就算你的作品不好，通常人們會願意睜一隻眼閉一隻眼。

另一種狀況是，如果你很受眾人信任，大家都喜歡跟你相處，而且你做的東西也非常完美，只是偶爾會延遲交件，那麼多數人也都能接受。

第三種狀況是，雖然大家跟你處得不好，不太信任你，但無奈你做的東西真的很棒，而且還滿有紀律的，所以大家在表面上還是會裝作喜歡你的樣子。只是這第三種狀況已經有了某種風險，因為大家不是打從心底喜歡你，只是迫於你的能力。

很有道理對不對？不知道大家有沒有觀察出兩個重點。第一個是在這三個狀況中，「信任感」出現了兩次，而這兩次的狀況，大家是比較自願地接受你，並不是迫於無奈地。

第二個重點是，在「有紀律」、「有信任感」、「追求卓越」這三個條件當中，其實「信任感」是最容易靠自己的內心與意願就可以達成的，它不會有什麼能力上、環境上、技術上的阻礙，只需要你的心理狀態願意改變就可以達到，雖然有時這往往最難，但它也是客觀上你最沒有「很難所以做不到」這樣的藉口去拒絕改變的事。

你是個值得信任的人嗎？

仔細觀察周遭的人，我們也能輕易發現那些很受大家歡迎的人，通常都有下面的特徵：

一、他們非常重視承諾，答應別人的事，一定使命必達。
二、他們非常有信仰，只要認為是對的事、有價值的事，都會盡力而為。
三、他們很願意傾聽，在溝通方面讓人覺得非常用心，很重視對方。
四、他們在適當的時機，會扮演好領導的角色，不管他是不是領導者。
五、他們如果覺得事情必須改變，會願意適應這樣的改變。

為什麼這樣的人會大受歡迎呢？

因為只要有這樣的人存在，他們往往能夠提供很大的貢獻。例如**信賴的感覺會讓大家無後顧之憂，有助於生產力的提高**。信賴也會凝聚大家的向心力，提升團隊忠誠度，讓大家更願意聚在一起努力。同時，它能夠激勵出一點社會責任的味道，使得我們更願意做出超越獲得的付出，這會讓組織取得領先的服務觀念。

你可以經常檢視這五個特徵，看看自己是不是別人眼中能夠被信任的人。

也有人詢問我，可以從哪些方面著手，好讓自己能夠展現上面的特徵？我認為有三個主要的面向，那就是：真心的關懷、展現能被信任的能力、以及可靠的紀錄。

假關懷已經非常落伍了

我最怕的是那種行禮如儀的關懷，為關懷而關懷，彷彿關懷只是一道「程序」（相信我，很多經理人非常會這一套）。

知名的管理大師肯．布蘭查（Ken Blanchard）就在他的著作《信任》中指出：「信任，需要細心呵護、長時間建立，但卻可能在一分鐘內瓦解殆盡。」

真誠的關懷有時不必然花費很大的力氣。

我曾經輔導過一家公司，他們的業務處長覺得員工都不找他談心裡話，他意識到這會使他無法扮演好領導的角色，並且非常想改變這樣的局面。

他向我提出諮詢時，我思考許久，向他提出了一個點子。

由於我知道那家公司有提供員工早餐，因此建議他每天早上都在餐廳親自為同事遞上早餐。但我要他在過程中，千萬不要問到跟工作相關的問題，而是多問「跟工作無關」的事。例如昨天睡得好嗎？跟家人相處的怎麼樣？我建議他持續這個動作三個月。

三個月過後，很奇妙地，他的團隊漸漸受到這樣的氛圍影響，慢慢感染到其他同仁，無形中產生了一些化學變化。大家開始在業務上愈來愈順利，最重要是他與部屬都很有成就感，因為大家已經逐漸產生了一種信任關係。

為什麼一個小動作能帶來出人意表的效果呢？這是因為我知道這位處長平時已經做得非常專業，口碑與能力都沒問題，因此建議他採取強化關懷員工的面向，讓他藉由真誠地溝通，提升夥伴對他的信賴感。

展現能夠讓別人信任的能力

相對地，有些人覺得平常對人真誠以待，也經常關心別人，可是卻得不到相對應的信任，這是什麼原因呢？

請大家回想一下你在與別人合作的時候，除了真誠，還會在意哪些問題？例如有一個死黨，有一天突然想跟你合夥開一家火鍋店，你會貿然的答應嗎？

相信你一定會很仔細地評估這位死黨，具不具備開火鍋店的經驗，對於食品的經營擅不擅長。

也就是說，**當我們處在一個位置的時候，應該仔細想想，在這個位置的專業度如何？有辦法做好這樣的角色嗎？**在人際相處這麼疏離的世界，我們更需要為自己的品牌做好「虛擬管理」（virtual management），在平時就打造出夠專業的形象，以縮短信任感累積的時間！

如果你能夠在自己所擅長的領域大放異彩，成為某一項專業的達人，讓別人能夠很充分地理解找你合作能夠達到什麼程度，相信根本不用多餘的應酬，也能在能力的基礎上，贏取別人的認同。

信用紀錄，是個人品牌的基石

反觀有些人，他們並不缺乏對別人的關懷，能力上也都非常卓越，可是如果在處理事情上有許多「不良紀錄」，那麼無論再怎麼優秀，相信大家也都會敬而遠之。

有時候，信用往往建立在一些很微小的事物上。

例如當你答應了做某些事情，是不是每一次都很守信用？產出的品質有沒有經常大打折扣？你的紀錄，將會成為別人如何判斷你是否具有信賴感的重要指標！

我歸納了一些在職場上經常看到的「不良紀錄」，建議大家可以參考：

■承諾能做到某件事，卻經常做不到。
■自己為是的自信，不理會旁人的意見。
■不夠授權，喜歡一把手把事情牢牢抓住，讓旁人感受不到一絲絲的成就感。
■不夠坦率，經常人前說一套，背後又做另外一套。

可別忽略了這些小細節。很多時候，信任講求的是一種「感覺」。尤其在公開的人際場合中，一個肢體動作，一個專注的眼神，都會為信任感加分或減分。例如你在開會的時候，有沒有時常看著手機，讓對方覺得遭受忽視？

以上的三個面向：真心的關懷、展現能被信任的能力、以及可靠的紀錄，都是我觀察那些被眾人信任的職場領袖，從他們身上所歸納出成功法則。而這當中最核心的，我認為還是凡事多為對方著想，仔細聆聽對方，真誠地向對方表現出你對與他相處充滿興趣——我相信只要抱持這樣的態度與能力，持之以恆，許多人生當中的貴人，將會漸漸不請自來。

閱讀本章後，請試著做做看下面的練習：

- □ 試著任何事都與當事人當面溝通，拒絕在別人背後議論他人。
- □ 當做錯一件事情的時候，練習認錯，並且找到解決方案，不要先想著如何遮掩過錯。
- □ 練習跟別人溝通的時候，不管自己再怎麼有經驗，也要仔細聆聽對方的意見，並且真心給予回饋。

☐ 練習說「不」，當對一件事情沒有把握的時候，不要輕易做出承諾，而是要跟對方一起討論自己的困難點。

☐ 試著關心老闆、同事、部屬，以及周遭所有人的生活吧！或許偶爾一起跟他們用用餐，或是每天早上真誠地打聲招呼，問候他們的近況。

—對話❼—

【堅持】為每一件有價值的事，負責到底

閱讀本章前，請試著思考自己是不是有下面的情況：

- □只要事情順利，我通常很有熱情，但只要遇到挫折，我也會很快打退堂鼓。
- □我經常把目標訂得太大，常常進行到一半，就發現自己的熱情消失了。
- □我做事情常靠意志力，不管能力夠不夠，我總覺得意志力能戰勝一切。
- □如果結果差不多，我覺得一件事情做到差不多好就可以了，並不用每件事都做得那麼完美。
- □我認為重要的事才需要堅持，其他微不足道的事可以不用這麼在意。

在我十三歲的時候，因為一次因緣際會參加了紅十字會的組織。老師指派我代表小組，每個星期天都必須到組織分派的地點去參與領導學程的訓練。

對一個十三歲的小孩子而言，領導的概念還非常模糊，我當時只是想：「天啊！好好的假期就這麼泡湯了，我即將損失許多可以玩樂的時間。」

那個訓練持續了三年之久。每一個週日，我都要到指定的場所進行課外活動，有些是領導課程，有些是醫療護理課程，當然有時也包含許多有趣的活動，例如跳土風舞。我們在這一週學習，到了下一個週六，就負責把學會的知識傳授給小組的其他同學，周而復始。

現在回想起來，在國一的時候就接觸到學習領導的環境，其實非常幸運。**而當初只要有一點點打退堂鼓的心態，那麼那段過程，就真的會變成只是喪失玩樂時間，一點意義也沒有。**我將沒有辦法學到新的東西，沒有辦法把知識分享給同學，也無法體認到自己能夠成為團隊中一個重要的環節。

為什麼我們需要堅持？

就像一位小朋友即將喪失玩樂的時間，堅持的過程往往帶點小痛苦，那麼我們為什麼還需要堅持？

我自己思考的答案是，因為每個人都會有「想看見終點」的渴望吧！所謂的「終點」，代表我們可以看得出一件事的成果有多麼值得。這件事可能對自己意義非凡，能帶來快樂度與成就感。這件事只要經歷短暫的痛苦，最後可能獲得更多。我們心裡非常清楚這些，不是嗎？

但可不是每個人都有堅持的勇氣！

記得電影《班傑明的奇幻旅程》中有個橋段。有一位船長小時候夢想自己能成為一位藝術家，可是他最後還是選擇繼承那艘父親留下來的破舊小漁船。他在臨死前對班傑明說道：「你可以像生氣的狗一樣，對著事情過去的方向憤怒；你可以詛咒、辱罵命運，但到最後，你還是得看開。」

你希望自己跟那位船長一樣，最後只能勸自己「凡事得看開」嗎？

全球重量級的教育學者肯．羅賓森（Ken Robinson）對「堅持」所下的定義是這樣的：「專注於某個活動上的時間長短，以及在遇到挫折時是否會繼續從事原來的活動。」

國際知名企業顧問保羅．史托茲（Paul Stoltz）在一九九七年提出了「逆境商數」（AQ，Adversity Quotient）這個名詞；他認為除了智商與能力之外，AQ能夠測量出人在面對困境時，哪些人能克服困境，哪些人會半途而廢。

我認為堅持之所以迷人，正在於它可以做為一種改進 AQ 的工具，在遇到逆境的時候，可以運用堅持來了解自己未能發揮潛力的原因，做出調整，也能很快地往好的方面去想，讓自己變得更有責任感，進一步把抗拒的心情，變成承諾的氛圍，朝目標前進。

我們需要堅持哪些事情？

當然，人生無法堅持「每一件事」，在訊息紛雜的現代，我們往往有太多認為應該進行的事物，但堅持下來的卻愈來愈少。

人們愈來愈被媒體上所流傳的「大成功故事」所吸引，老是覺得只要做對一兩件關鍵的「大事」，就能獲得全面成功，卻因此忽略了那些優秀的領袖或企業，往往都是致力於堅持許多基本面的事情，一點一滴累積起金字招牌。

我建議大家思考有哪些很基本面的堅持，並且把它們最有養分的部分做到最好。

■堅守使人生導向正軌的事

想一想哪些事對你而言是不可妥協的部分？有關道德層面的議題、價值觀、還有幫助他人創造價值，這些事情都能使我們的人生走向正軌。但它們也會受利益、誘惑、情緒因素的影響，使我們不再堅守那些有益的原則。

■堅持讓身心保持健康的事

亞洲研究習慣心理學的權威、台大的柯永河教授曾經透露出一個讓他成功的祕密——「早起」。他的邏輯很簡單，因為堅持早起，所以他很有精神，從不會遲到，也能提早作業，每件事因為都能預作準備而交出不錯的成果，自然也讓他很受上司、同事的歡迎，然後為了第二天的早起，前一天又一定會準時就寢。

我們生活中其實有很多類似的事，例如多喝水、運動、微笑……**這些事情很微小，但日積月累堅持下來，都能獲得巨大的成果。**

■堅持進行反思（reflection）

正因為現在是資訊複雜的年代，所以我們很需要透過一些方式，經常性地進行反思。就像在大海中航行一樣，一開始幾吋的小偏移，幾個月過後，可能造成上百公里的誤差。反思可為我們即時修正，不讓我們與原先設定的目標離得太遠。

■ 堅守深思熟慮後的承諾

承諾就是一種信譽。**如果我們沒有什麼豐功偉業讓人們歌頌，那麼能讓大家記住的，就是信譽**。每一件小事，工作細節的要求、負責任的態度、答應別人的事，都會影響大家對我們的評價。在做出承諾前應當深思熟慮，一旦承諾了，我們就堅持捍衛信譽到底。

如何打造讓自己堅持的環境？

堅持很重要，但要養成這樣的習慣卻愈來愈難。著名的蘇格蘭政治家沃爾特．艾略特（Walter Elliot）就說過：**「堅持不懈不是一個長跑，而是一個接著一個的短跑。」**

艾略特講到一個重點，堅持如同紀律一樣，是日積月累的結果，它像是一場對抗人類惰性的耐力跑，所以聰明的人絕對不會只從下定決心著手，而會建構適於堅持的環境，透過環境的力量讓自己較易於保持堅持。

從過去的經驗，我也認為如果是有策略地、刻意打造適於堅持的環境，那麼養成這項習慣的機會就會大得許多，你也可以試著練習看看：

一、清楚描繪出自己的目標與願景是什麼。你得搞清楚所堅持的事情有沒有價值？價值愈高，那麼激勵堅持的動機也就愈強烈。

二、當你確立了這個目標，就要評估自己有沒有確保堅持下去的資源或能力。是好高騖遠？還是真正能夠透過不斷努力創造出一個理想？

三、尋求友人的支持。你可以觀察別人是怎麼看待這件事情的，爭取別人的認同。在遇到挫折的時候，不要一味地單打獨鬥，而是要尋求支援，懂得求助。

四、挑戰底線。當你堅持一段時間過後，一定會遭遇瓶頸。但請試著挑戰自己的底線，不要太輕易放棄。就像訓練肌肉一樣，耐力絕對是透過一次又一次的拓展而來的。

五、從小事情的紀律開始培養堅持。比如說每天早睡早起，不遲到不早退，從管理最微不足道的事情開始，慢慢訓練堅持成為一種習慣。

六、注意堅持過程中的負面情緒。堅持跟無謂地忍耐不太一樣，聰明的人會重視這些訊號，然後從中找出令自己不快的原因，迅速地調整，好讓心情重新回到愉悅的氛圍。

上面這六件事，也可以說是一種負責任的人生態度。仔細回想，我們人生中任何一個成功的時刻，多半不是因為僥倖或是真的有什麼貴人相助，它們通常是經年累月地準備這些基本事物的成果。

不過我也認為，**最高段的堅持功夫還包括了明智地「不堅持」！也就是保有彈性**。當生活改變時，我們能不能調整目標？人生的堅持應該是放在最有價值的事物上。當前方有一條更好的道路，或是需要轉彎時，我們不必執念於特定的夢想，只要它能協助我們不停頓、不斷邁開步伐，都是一種朝成就前進的好方法。

閱讀本章後，請試著做做看下面的練習：

- ☐ 寫下自己這個階段最大的願景、夢想，當遇到困難時，看看這些自己親手寫下的夢想與規劃。
- ☐ 試著嚴格管理自己的一天，記錄下來一天當中花多少時間工作，多少時間和家人相處，多少時間學習，還有多少時間做做運動。

□練習每一件事都拓展自己的底線，練習「多堅持一刻」，例如慢跑到了不想跑的時候，多跑五分鐘，或著當你聽不下別人的話的時候，多聽完幾句。

□從今天開始，選出你每天都想堅持的三件小事（例如準時就寢、喝一定份量的水、做可以辦得到的運動），先持續一週，再持續一個月。

□放下一切，先整理自己周遭的環境，打造一個能夠讓你專注、舒服、並且排除其他誘惑的環境。

【激勵】讓內心的聲音持續前進

閱讀本章前，請試著思考自己是不是有下面的情況：

□繁重的工作和家庭生活讓我疲憊不堪，我很難對未來還有什麼憧憬。
□我覺得手邊的工作很平凡，就算做得再好也不過是小事情，很難有成就感。
□很多事就算再有熱情也沒用，畢竟一個人力量有限，很難成就更大的事情。
□我常常事情做到一半就後繼乏力，又因為看不到最後成果讓自己很沮喪。
□我認為獎金是最有效的激勵方式，但是資源有限，我滿足不了大家的胃口。

我記得唸高中的時候看過一段紀錄片。片中訪問一對荷蘭夫婦十年來領養一位肢體障礙小朋友的故事。

這位小朋友來自中國的偏遠地區，沒有雙腿。紀錄片裡描繪這對夫婦如何把小朋友從襁褓中，一直照顧到十歲的過程，他們經常要用特殊的車子到醫院做復健，過程異常辛苦。影片最後，這對夫妻說了一段令人動容的話：「我們真的沒有做什麼偉大的事情，反而是非常感謝這位小朋友，他為我們帶來許多快樂。」

這個故事非常激勵人心。因為這對夫婦從來沒有把這件事視為負擔，而是看到上天為他們帶來一個完整家庭的機會。**他們對未來有憧憬，努力讓一件事情有意義，結果讓尋常度日的每一秒鐘變得「非常值得」**。

現在回想起來，這種讓身邊的人願意勇往直前的能力，不正就是一位領導者最迫切需要的嗎？可是我們身邊，卻很少人有心培養這樣的特質。

你只想戳一下神經，還是點燃熱血？

渴望明天會更好是人類的本質，我們希望成就一些事情——至少在挑戰來臨前是這麼想的。**重點是當我們面對那些尋常的事、困難的事、不太舒服的事、努**

力很久才能獲得好處的事……。一切都變得索然無味的時候，該怎麼辦？

我們得先弄清楚哪些事需要激勵？（做自己最喜歡的事可不需要！）

我認為真正的激勵不是短時間內讓人變成一位很激動的人，而是願意改變「不願意」的心態。

相信大家都看過 TED 的演講，對他們豐富的感染力印象深刻。有人曾經統計點閱率前十名的 TED 演講，大概有七成，是在談怎麼鼓勵大家改變自己。絕大多數能激勵人心的演講，談的都是心理層面的事：心靈健康、創意、領導力、追求幸福、努力的動力，以及自我實現。

例如華裔的美籍藝術家張凱蒂（Candy Chang）描述著她在一位長輩驟然離世後，陷入了長時間的悲傷。在她不斷思索死亡的同時，許多想見的人、渴望做的事一一浮現。於是她將紐奧良一棟荒廢建築牆面改造成一塊巨型黑板，用噴漆寫下「在我死前，我想要……」（Before I Die, I Want to...）的句子，並附上粉筆。

沒想到，許多過路客紛紛地在這面牆停下腳步寫下遺願與夢想，提醒自己生命中真正重要的事情。當她說完這個故事後，在 TED 大會上她重複問了一句：「死前，你想完成什麼事情？」，頓時讓整個會場生氣勃勃。

Candy為什麼能帶來這麼大的激情？因為她喚醒了大家心中那個更大的目標！

許多商業界的領袖很清楚這個道理，他們都擅長分享大家都想要、但只有少數人能辦得到正面經驗。但我必須提醒人家，**要真正有用的激勵自己，就應該回到原點，想一下這些夢想跟自己的關聯，它們值不值得投入？**做這件事的使命與價值會是什麼？這樣才能夠找到真正持續性的熱情，而不是一時的情緒亢奮。

尋找內心深處的第三趨力

為了讓人時時刻刻保有對事物的熱情，我相信在企業內部，很多人都相信一個古老的激勵理論「棍子與胡蘿蔔」。也就是利用獎賞與懲罰來刺激我們做事情的意願。

《動機，單純的力量》作者丹尼爾・品克（Daniel H. Pink）就指出，大部分的人都相信，無論是激勵自己或他人，最好的方法就是以金錢之類的外在酬賞做為誘因。但他直言這個做法是錯誤的！

他透過研究指出，**利用賞罰工具久而久之會讓人進入一種習以為常的模式，等到習慣之後，大家只會專注在怎麼得到獎賞**，或著怎麼避免懲罰，而開始走一些捷徑，反而造成短視近利的效果。

他認為無論是工作或家庭，要獲得高度滿足，奧祕其實繫於人類的一股「內在需求」。

內在需求可能包含幾個部分，一個是對自由的渴望。任何人都希望能夠自主需求，在財務、感情、工作上追求自主的選擇權。第二種是對專精的渴望，每個人都希望自己能夠把事情搞定，完成承諾得到成就感。第三種是超越自我，也就是光是做好還不夠，大家都希望在有限的生命中，完成一些超越自我的挑戰。

運用願景達成激勵的技巧

我在工作的時候，也經常觀察那些擅於激勵員工的領袖，他們很清楚員工的內在需求，經常透過「願景」，讓員工很清楚自己是誰，在崗位上能發揮多大的才能，以達到一個高水準的目標。

像麗池卡爾頓（Ritz Carlton）飯店就為員工設計了一個很清晰的口號：「我們是為紳士淑女服務的紳士與淑女。」很簡單明確，又很動人對不對？

有心培養激勵能力的領袖，必定能清楚地說明如何達成願景。**人們在「看得見」的時候，往往是最願意追隨的時候。**

所以讓我們把身邊提不起勁的事情重新整理一下。你不必是為了組織，就算是個人，也能善用有意義的願景來達成自我激勵。

■觸動夢想

實境電視節目《英國達人秀》有一次來了一位魔術表演者。他描述童年的時候在餐廳看過一段很棒的魔術表演，因此想要嘗試學會真正的魔術，而不只是把戲。這個夢想讓他站上今天全國性的舞台。（註：《英國達人秀》魔術表演的網址：https://www.youtube.com/watch?v=cNd7Obzep_Y）

每個人一定都有大大小小不同的夢想，而這些夢想，就是開啟內在激勵最好的一把鑰匙。

■找出價值與目標

美國知名的高階主管教練蘇珊·貝慈（Suzanne Bates）在她的著作《人人都要學的熱血激勵術》中談到，許多企業的高階主管能夠帶領下面的經理人明確定義「自己是誰」與「目標是什麼」，這些經理人通常更能感受到工作的價值，以及帶來更佳的績效表現。

■創造一個簡單故事

線上教育家薩曼·可汗在一次演講上問大家：「表弟妹的家離我兩千多公里，我要怎麼教他們功課呢？」他告訴大家的故事是：「我們必須在網路上蓋一個跨越國界、不受時空限制的大教室。」

光是有夢想還不夠，有時最好可以把你的夢想，跟周遭做一個連結。想一下故事情節，當你達到這個夢想的時候，自己的角色轉換到什麼位置？身邊的人一起變成什麼樣子？這樣的夢想達到後，會是什麼樣的世界？

■有實踐計畫

改變的過程很漫長，我們必須設立一些「可視化」的里程碑才能有效創造激勵的效果。達成某個階段性目標往往能帶來成就感，一位好的激勵大師，必定能夠清楚地告訴大家接下來的計畫，到底要從哪裡開始？中間要採取什麼行動？以及最後會看到哪些成果？

■挑戰極限，並且心情愉快

我知道許多人會用挑戰不可能的任務，來激勵自己創造偉大的夢想。但是我個人小小的體悟是，關鍵點在於過程中的心情！

如果在挑戰的當中，我們只沉浸在任務有多麼艱鉅，那麼環境的不適很快地就會消磨意志力。反觀如果我們在挑戰極限時，聽聽大家的加油聲，把每一段過程都視為一個小進步，那麼就比較不會一直盯著不舒服，反而能帶著享受的心情去達成目標。

■定期評估

我們會有一種狀況，每天想著願景，卻很少執行，所以激勵了半天，但卻只是每天花時間在「做夢」。定期評估不見得是要看到成果，定期評估是要常常調整心情，去看自己腳步放緩的原因，重新去看一下距離目標還有多遠。

激勵是一種技巧。我還是回過頭來告訴大家，我們不可能一天24小時都處於亢奮的狀態，**我認為激勵內心最有價值的部分，是讓我們每天早晨帶著一種悸動的心情起床，而不是恐懼。**

所以在面對夢想的同時，我也建議大家保有彈性，不是非得要做到什麼地步才肯罷休，如果環境不同了，也要願意做出調整與改變。我們可以時常問問自己需求是什麼？對自己好一點，不要一直責怪自己，讓自己時常保持「看到成功就在咫尺」的心情，告訴自己其實只要再加把勁，就可以達到希望。

閱讀本章後，請試著做做看下面的練習：

- ☐ 為今年的願景打造一個口號，不管做不做得到，先寫下現實中你最想要做到最偉大的事情（但是這個口號必須簡單，不要太複雜）。
- ☐ 到TED上去找一些能夠激勵你的演講，並且觀察其中最能讓你感動的五場演講，記錄下它們觸動你的元素是什麼？為什麼你深受感動？
- ☐ 出門去尋找志同道合的人吧！如果你想要完成馬拉松，那麼就找到一群人一起練習，試著與團隊一起朝夢想前進。

□ 練習把夢想說成一個故事，就算這個故事只與自己有關也沒關係，試著去跟別人分享這個故事，想辦法引起共鳴。

□ 練習把夢想拆成一個又一個的里程碑，並且有時間限制，每一次到達這個里程碑，就給自己一個小獎勵，例如連續準時就寢一週，這也算是個小成就。

挑戰與實踐

讀完這個 Chapter 後，給自己一個行動清單，並在完成之後進行勾選。

關於【心態】，我目前可以馬上著手改變的五件事。

□ 1.

□ 2.

□ 3.

□ 4.

□ 5.

關於【信任】，我目前可以馬上著手改變的五件事。

□ 1.

□ 2.

□ 3.

□ 4.

□ 5.

關於【堅持】，我目前可以馬上著手改變的五件事。

□ 1.

□ 2.

□ 3.

□ 4.

□ 5.

關於【激勵】，我目前可以馬上著手改變的五件事。

□ 1.

□ 2.

□ 3.

□ 4.

□ 5.

CHAPTER 4

Body Set

表現一致性

對話 9

【行為】從微小紀律優化日常的行為

閱讀本章前，請試著思考自己是不是有下面的情況：

- ☐ 我常常有一百個想法，但是碰到真的要行動的時候，又覺得意興闌珊。
- ☐ 一天當中，我總是這個工作還沒完成，就去做另一個工作，很少做好做滿。
- ☐ 每週的工作太辛苦了，所以一到放假，我總是玩得筋疲力盡，反而更累。
- ☐ 做事的時候我很容易分心，在受到干擾停頓後，又很難重振精神重新開始。
- ☐ 身為主管，我團隊中的人個性五花八門，因此常常各做各的，很難有成效。

每個人都想一步到位，但又經常事與願違。怎麼樣協助工作夥伴發揮執行力，是我過去很重要的一項工作重點。

我發現坊間很多有關執行力的書籍，都著重於方法論的面向，談到如何處理人與事的關係、資源與目標的關係。但我的經驗是應該回到最根本，去探討什麼事情會影響我們決定如何行動？

這是為什麼在上個章節我們會先討論「人的態度」，因為從態度到行為是一個互動的過程，我們不太可能捨棄態度面，單純藉由改善方法來促成對的行動。

堅持微小的紀律

還記得之前提到每個週末參加紅十字會的故事嗎？那個故事談的是我們對事情的堅持。但是要怎麼樣把堅持的情緒轉化為實際行動呢？我們從故事中可以發現，當時的我並沒有先擬定什麼偉大執行計畫，而是從微小的習慣開始著手，也就是從一點一滴的自律，去累積行為的發生。

人往往不需要完美計畫，只需要堅持微小的紀律來促成行為。

就像在職場上，我看多太多執行力不彰、拖延工作的案例。只要進度一落後，工作者就會找出很多藉口，例如身體不適、心情受影響、家庭哪方面出現緊急狀況，而這一切，其實主管都了然於心、看在眼裡。

我分享一件小事，你我都不陌生。在過去三十年的職業經歷裡，這麼多年我很少請病假，請假的數字非常少，那是什麼原因呢？當然並不是因為我身體特別強壯，而是因為為了要貫徹自律的行為，我事前做了許多防範功夫。

無論是休假或是國定假日，我一定規劃好儲備精力的時間。我說的不是休閒娛樂，而是在那之外，還要有一個充分讓精神、身體得到休息的安排。我覺得人並不是不需要放鬆，而是要注意不要玩過頭，例如熬夜或是從事太過消耗體力的活動，休閒的最終目的，應該是要調整身體到最佳狀態。

有時候一個人對工作負不負責任，從對身體負不負責任就可以看出。

紀律就是自主地去改變環境

反觀這樣自律的行動是怎麼養成的呢？我想到過去的求學經驗，許多有關習慣、自律行為的建立，都是從年輕的時候開始扎根做起。

我是在美國完成大學學業，歐美的教育方式跟東方的教育有很大的不同。我們都知道歐美的學校很喜歡訓練學生問問題，讓學生有充分設定問題、研究問題、發表心得的空間，遠遠超過老師講授式的教學時間。

這並不只是培養學生追根究柢的精神而已，它其實是一種訓練獨立自主的行為模式。

今天你要研修一門課的目標是什麼？不只是為了拿到一個A+的成績，而是更上一層的，要學生了解基於什麼樣的動機會想選修這門課。要怎麼樣完成這一部分的學習？透過什麼方式可以產生滿意的成果？那完全是一個「自主性」的摸索。

透過這樣的方式，歐美的教育讓學生知道，什麼叫自己當自己的主人。

因為是自主性學習，所以成果是對自己負責，從而養成一種責任心與榮譽感，然後去催生出自律行為。例如學生就會開始思考，要用多少時間完成這些課程，也許會做一些規劃表，來看怎麼樣完成目標，這都是一種自律的練習。

「自主性」是自律、負責任的基礎。我們觀察有紀律的人，通常都是自主地去改變環境，而不會讓環境的變化，來影響自己達成目標的進程。

了解人的四大行為模式

養成自主性的人，把這樣的習慣帶到職場上，也都會產生很正面的效果。這是自我要求的部分，可是我們在職場上遇到的人五花八門，在這裡也要考慮到，當在團隊中執行任務的時候，大家的習慣可能不太一樣。無論你是不是一位主管，我們都必須去了解大家的行為模式，藉以檢測自己是屬於哪一種：

■具創意型的行為模式

特點：

喜歡自己做主，思考力很強而且很在乎目標與策略。這樣的人通常用思考去主導行動，以目標為導向在乎成果。他們也非常有自信，有比較強的意志力，總是喜歡扮演推動者的角色。比較有長遠的思維。

缺點：

比較天馬行空，看見自己的需求勝於別人的需求，所以也經常陷入固執、強迫個性，以至於喜歡支配別人，這類型的人通常溝通能力也比較弱。同時，也因為比較缺乏執行力，所以會大大降低事情的成功機率。

■具說服型的行為模式

特點：

在人群之中最善於表達，喜歡自己成為注意力的中心點。這樣的人非常富有好奇心，常常見獵心喜，對事情擁有很強的熱忱，因此充滿幹勁卻缺乏尾勁。經常輕易的承諾卻不思考自己的執行能耐。同時這類型的人他們比較願意投資資源去學習，充實自己，比較有長遠的思維。

缺點：

因為是以自己的好惡來決定事情，所以也經常陷入以自我為中心的毛病，在溝通的時候經常會打斷別人的對話，而加入自己的主張，溝通能力比較弱，又時常隨著喜惡來變化原本的計畫，所以常常是參與多卻難以執行到底，點子很多卻不專精。

■具計畫型的行為模式

特點：

這類型的人有比較強的執行力，以如何達成具體的行動為目標，非常重視效率。他們對於眼前的事物會深思熟慮，並且追求完美。因為追求完美，所以他們重視細節，有較強的企畫、組織、管理能力，非常在乎事情的成敗，但是他們在意的成效，往往是屬於比較是短期而明顯立見的。

缺點：

因為要考慮完美的面向實在太多了，所以具計畫型的人通常行動的速度也比較緩慢。他們很容易受到環境影響而考慮再三，這樣的結果就導致做事情時經常陷入顧此失彼的結果，也容易照表操課、照單全收，做起事比較僵化，不會有自我改進的思維。

■具協作型的行為模式

特點：

性格內斂容易相處，待人處事在表徵行為上非常平和。適應環境的能力很強，並且在溝通的時候通常沒有什麼攻擊性，所以人際關係不錯，EQ非常的好。所承諾的事情多半是為了負責任的自我期許，所以通常能使命必達。而這樣的成效，一般而言是屬於比較短期的。

缺點：

這樣的人比較內斂，所以不容易表現出個人的情緒。他們比較喜歡跟著大家的意見走，不輕易講出內心真正的意見。如果你做錯了，他也不願意當面指責，所以如果你是他們的下屬，往往連自己做錯什麼都不會知道。他們目標感並不強烈，雖然會照單全收，但是不太願意承擔成敗責任，不善於做大方向的決策。

當我們了解自己是屬於哪一種行為模式，也了解同事是哪一種，就比較可以在工作上作出完善的配合與溝通。同時，也能夠根據行為模式來了解自己的「短板」，也就是不足的地方，然後對症下藥！

讓團隊先改變、再優化、後固化

由於現在是講求團隊合作的時代，我認為單方面修正自己的行為尚不足夠。透過上面的四種行為模式，我們在職場上可以思考，怎麼樣透過夥伴的共同點與差異點進行溝通，導入一個有共同價值的工作計畫，促使好的行為不斷發生。

我們能輕易理解大家都不是完美的人，那麼該從哪些方面著手改善？

透過四大行為模式，其實可以反映出一個人的核心價值觀，在制定計畫之前，我們可以仔細地夠構想，大家認同哪些價值？共同的願景是什麼？有哪些事是當務之急，並且對「團隊」最為重要，而非個人。

在有共同的價值與目標之後，大家都敢於承認自己的短處願意做「改變」，進一步才是引進管理方法，例如目標管理、績效管理來進行行為的實踐，產生「優化」來修正行為。

最後，我們只要記住，把這些改變與優化，一步步放置到最微小的行動開始著手，讓紀律、自主性「固化」為日常行為的習慣，這樣逐步地調動大家在工作上做對事、做好事的節奏感，日積月累，我們在行為上就能真正有所進步，有所突破。

閱讀本章後，請試著做做看下面的練習：

- □ 找出一天當中最富精力的時間，在這段時間做當天最重要的事，並且直到做完才能停止。

□在做重要工作的時候，排除網路與環境的干擾，離開手機、e-mail、網路的控制，給自己一個不被打擾的空間。

□訂定一個小規模計畫開始養成紀律，這裡指的不是多喝水、每天準時起床，而是例如每週完成三件重要的事、連續一個月不遲到與準時下班這類的事。

□嘗試了解同事的行為模式，找出他們特別擅長的與欠缺的，重新思考一個同樣的行動，該怎麼跟他們配合。

□引導團隊朝「做事」的方向進行一個進度，而不是空談。例如開會的時候，不只是討論目標、願景，還要進一步討論怎麼解決問題，或是執行的具體步驟。

【習慣】職場好習慣，拿下人生發光發熱的主導權

閱讀本章前，請試著思考自己是不是有下面的情況：

- □只要遇到不喜歡做的事情，我就會開始盡量推拖，不想要面對。
- □我的能力不錯，但是有時太過強勢的習慣，常常讓別人不喜歡跟我合作。
- □我非常害怕衝突，所以就算看到團隊中不好的習慣，也是睜隻眼閉隻眼。
- □對於有不好工作習慣的部屬，無論我怎麼責備他們，他們還是不肯改變。
- □我想要改變一些習慣，但是只要一忙碌或是疲憊，就又立刻忘了那些事。

「習慣的枷鎖太小，感覺不到，但等到有所察覺時，卻又堅固得無法掙脫。」——這是英國一位詩人山謬爾・約翰生的名言，大家看了是不是很有感觸！

在進入正題之前，我們可以來看看職場上，大家最常遇到的壞習慣有哪些？

我大致把它們分為兩類：「自身行為展現的壞習慣」以及「對他人應對展現

的壞習慣」。

「自身行為展現的壞習慣」最常見的是個人紀律方面的小問題，例如遲到、拖延、做事不積極、不喜歡思考等等。這些個人行為或紀律上的問題，我認為是比較好解決的，他需要的是環境的刺激，也許是旁人的一個提醒，再加上一個改變的起始點，從小處著手，慢慢改正。

例如老是遲到的話，就去思考可不可對前一晚的睡眠時間重新設計。這些紀律上的問題，很多的書都有解決之道。

但令我比較感興趣的是「對他人應對展現的壞習慣」，這是因為它對組織面的影響程度比較大。

例如我們常常看到有一種人非常的「自我導向」，只要是自己的經驗、自己的部門所提出的方案，就覺得是最完美的。這樣的習慣延伸出去可不得了，你會發現這種人非常排斥與別人溝通、合作。

我在過去的工作經驗中，見識過許多人「自我導向」的習慣會不斷累積、擴大，最後一發不可收拾，成為組織發展的障礙。在一開始的時候，他們可能只是本位主義，認為「我的部門不是你們可以控制的。」

久而久之，這樣的人容易在職場上製造小圈圈，一群又一群的山頭林立，大家都想盡辦法鞏固自己的勢力，最後，他們從不願意合作開始，變成根本上非常抗拒別人的建議，甚至抗拒組織的變革。

職場上的壞習慣是怎麼養成的？

不好的習慣長期累積下來，就算不影響個人競爭力，也肯定會影響到組織的競爭力。那麼這些習慣是如何養成的呢？

我們從兩個方面來看。如果你是主管的話，一定會更加有感受。

第一種原因是一個人不管怎麼做，總是能過關。例如他經常遲交，但是主管對此沒什麼反應。例如他習慣用很多取巧的方式，像是偷別人的點子，甚至用賄絡的方式，但是大家也睜一隻眼閉一隻眼，不願意在第一時間戳破，事後又為了於事無補乾脆幫著隱瞞。

「總是能過關」是壞習慣的溫床，因為只要一次兩次用這樣的方式都能過關，那為什麼還需要花更大的力氣用正確的方式呢？追根究柢，這樣的情況最常出現在「害怕衝突」的組織環境中，可能部門中有一位好好主管，可能是組織成員希望和諧。總之，大家都希望氣氛融洽，不願意製造衝突。

第二種在職場中最常養成壞習慣的原因，來自於太過承襲過去的成功經驗。**一個人可能因為過去的成就，讓他覺得同樣的模式是對的。**我們看到很多經理人、業務人員的例子，過去能夠升任到現在的位置，可能是靠著一股衝勁，可能是有點不擇手段得到業績。但他們忽略了兩個重要的因素，第一是環境是變動的，過去的方法現在不見得管用，第二是在不同的位置，有時做法也會跟著不同。

但是成功的光環實在是太閃亮了，尤其如果一位主管是因為過去的「戰功」而升任時，那份「主管的虛榮」與自以為是，會漸漸養成許多自己不易察覺的惡習。例如習慣用命令式的口吻，例如以不合理的資源去擴大產能，例如行動的時候只有自己，不考慮別人。這些作為，都會讓團隊漸漸從內部開始崩壞！

三個階段，三種不同的關鍵習慣

在了解職場上許多壞習慣形成的原因之後，更正面地，我們也可以分析不同階段，有哪些習慣與行為可以影響我們的作為。在不同的位階上，其實一些關鍵的好習慣，也隨時會讓我們的命運轉彎！

■工作者的好習慣

對初階工作者，因為大量接觸執行面的工作，因此舉凡跟「紀律」有關的習慣，都是關鍵。我們會希望他們如期如質、按部就班完成任務。他們的重點不在思考（有的話當然更好），而在於最基本地照表操課，按照規範的項目一個一個完成，不只是時間上的準確，還有品質的部分，也就是專案任務的指標都要完成。

■管理者的好習慣

就我的經驗，當一個人從個人工作者漸漸成為團隊的管理者，最重要的，就是要有改善的習慣。無論是流程、品質、服務，**一位管理者必須有「優化」的習慣動作，才能讓自己的小組做得更好**。

也因為要改善（優化）許多事項，管理者必須時常與別的部門協同合作（collaboration），又要帶領團隊，所以許多與「溝通力」有關的習慣，也會在這個階段成為影響成功最關鍵的事情。

■經營者的好習慣

經營者的挑戰更高。在方向上，因為時時得順應環境的變化，經營者必須有大格局的習慣。他要去做一些新的改變，挑戰現狀。同時這樣的格局又是來自於許多新事物的啟發，**所以一位好經營者本身必定也擁有洞察事務的習慣**。最後，為了要能落實、影響這些改變，經營者又必須有身先士卒、重視細節的習慣。

五個要點，協助團隊脫離壞習慣的漩渦

如果是站在團隊的高度，一位主管除了原先的任務之外，最重要的就是怎麼樣協助部屬擺脫壞習慣，把珍貴的精力全都放在績效表現上，讓成績亮眼！

人們絕對不會離開能幫助他們愈來愈精進的主管，如果你不是天賦異稟、擁有三頭六臂的「加分型」主管的話，**換個角度想，協助部屬如何「不減分」，也不啻為優秀主管的另一條成功路徑**。

一位好的帶人主管在部屬做對的事情的時候，一定會在第一時間回饋，給予鼓舞。同時，在發現不好的習慣時，也必須在第一時間做出糾正。糾正並不是一

昧地指責與批判。我過去曾經針對溝通指導設計出五個環節，這些設計是為了要使夥伴能真正地同意、接受，並且達到確實改變習慣的效果：

■步驟一【探詢】

我們相信協助夥伴修正一項習慣，是一種建設性溝通的過程，因此會把一開始的目的放在找尋這些不好習慣的原因，而不是責備。

■步驟二【解釋】

有的時候當事人在當下可能感受不到行為的差異，我們在溝通的時候，就要很明確地說明，在哪個時間點認為哪些習慣是不好的，務必要跟對方清楚解釋，這樣的行為造成怎樣負面的影響。

■步驟三【建議】

我們會回溯到最先的情況，協助夥伴一起思考，如果那樣的情形再發生一次，他們會怎麼用「自己的方式」再來一次？然後從旁給予中肯的建議，協助他們修正出最正確的做法。

■步驟四【承諾】

有關於習慣行為，通常愈有主動性改變的效果也就愈好。所以我們應該適時要求對方自己承諾行為上的改變，要他們自己去設計這樣的行動，這樣他們一來會對為什麼要這樣改變印象深刻，二來也會更具改變的主動性。

■步驟五【檢驗】

也就是在對方做出改變的承諾之後，要設立一個時間點進行檢驗。要很明確的知道什麼時候這樣的狀況能獲得改善，也順帶在那個時間點上去觀察，以便如果再有不好的習慣發生時，能在第一時間就發現、消除它。

我的經驗是，**習慣並不是一蹴可及的能力，它不是上了一門課程，或是聽了一場感人的演講，就可以徹底解決。**有關任何好習慣壞習慣的養成，絕對都是建立在長期細微的事物當中。簡單的說，小事情能帶來大改變。如果我們持續在工作與生活中慢慢實踐，把壞的剔除，逐漸增加好的習慣，那麼，將來不管處於什麼位階，相信都能暢行無阻，在事業與人際關係上收穫豐盛。

閱讀本章後，請試著做做看下面的練習：

- ☐ 在生活或工作中建立幾個「小挑戰」，挑戰過了就讓這些「小贏」就定位，成為習慣，它們將會帶動更深層的改變。
- ☐ 在工作當中，找出花大量時間做、重複做卻是不重點的事情，想辦法把它們簡化。要改變之前，得讓自己變得輕盈！
- ☐ 遇到不想做的事，就把事情拆解，然後提早緩步進行，一次完成一個小進度，用「慢慢把它完成」來對抗「什麼都不做」的拖延症。
- ☐ 練習將改變壞習慣分成兩個步驟來進行，第一個步驟是「減少次數或時間」，第二個步驟是「完全戒除」。當第一個步驟達成了再嘗試第二個步驟。
- ☐ 與團隊定期對話，大膽提出這個階段發現的問題，與團隊討論怎麼改善，並且訂定可以觀察的具體指標與時間表。

一對話 ⓫ 一

【經歷】每一份經歷，都代表最完美的自己

閱讀本章前，請試著思考自己是不是有下面的情況：

- □我做過很多不同類型的工作，不知道怎麼在履歷表上把它們串連起來。
- □我常常覺得現在做的事情與夢想無關，所以總是不想盡全力做好現在的事。
- □我過去有很多失敗的經驗，這些不愉快的過去常常成為我心中的陰影。
- □我把所有的時間都投入工作，所以生活上沒什麼好談的，不知道從何談起。
- □只要離開現在的職場，失去職稱，我往往發現自己什麼也不是，十分迷惘。

以前擔任HR主管的時候，最常被人問到的問題之一，就是履歷表要怎麼寫？

求職者怎麼樣才能在短短的幾張紙內，把過去的自己做一個最完美的呈現，以獲得 HR 主管、老闆們的青睞，從眾多競爭者當中脫穎而出？

如果你想要知道真實的答案，我會說，**請大家在看待履歷這件事的時候，先丟掉那些想要呈現自己非常厲害的想法！**

我並不是說大家過去獲得的獎項功勳都不重要。而是一位專業的 HR，在衡量一位人才是否合格堪用得時候，所考量的並不是你有多厲害，他們更想知道的，是你所謂的那些厲害的經歷到底有沒有用處？以及它們能不能為你的客戶，提供最好的需求？

所以讓我們擴大履歷表這件事，履歷其實就是「經歷」的縮影。**你的個人經歷在商業化社會中十分重要的原因，很大一部分是因為它代表一種市場價值**，是專業的 HR 看一個人的專長、經驗，判斷它們價值的最底線。因為大家都不認識你，所以這些個人經歷就會成為面試者的一個底標。

還有最重要的是，履歷上的一切必須是「誠實的」。因為在現在資訊這麼透明化的世界，協助企業進行招募的 HR 人員有很多管道對應試者做背景調查，無論是學歷、過去的經驗、甚至是犯罪紀錄，通常都逃不過他們的法眼。

讓過去的經歷，為未來開創價值

我覺得去探討這個底標是怎麼樣形成的，可能是比較有趣的事。經歷就是我們過去的自己一切行為的總和。你在求職的時候，是轉換新的跑道，或著堅守原來的跑道，以及在人生的道路上怎麼樣去拐彎，發生了哪些重大的事件，經歷就是呈現這些東西。

一個人認不認同自己的經歷是很重要的事。那個跟經歷好或著不好沒有關係。如果你認同過去的自己，就算現在做的事一八〇度大轉彎，跟過去的職務沒有關聯也沒關係。**因為經歷談的除了專業之外。更重要的是過去做事情的態度與方法。有時候不見得非得要相關的專業才可以。**

你不一定會喜歡現在做的工作，但是絕對不要放棄現在的經驗，或著是認為這一份經歷沒有用。從人力資源的角度，我們一定是看一個人長期的軌跡。長期的軌跡不是說一個人過去都做同一個產業，或著同一類型的工作。而是看他是怎麼運用上一次的經歷，為現在的工作創造價值。

我們看待經歷，是把它視為一個基礎面，協助我們可以向上爬升，更容易接近更高層次的境界。

像我自己的專長是人力資源的背景，同時又有行銷的經驗。當我要尋找下一份工作的時候，就可以借用這些專長。我之前有一位特助，她大學唸的是英文系，後來在企管顧問公司做祕書的工作，現在卻在台中一家銷售大型機具的公司擔任業務。她做的每一份工作產業別都不一樣，但她都能徹底運用上一份工作獲得的積累，為下個工作加分。

如果角色互換，你是一位主考官，那麼在挑選人才的時候，就不只是要看對方具不具備當前工作的能力，還要重視他未來的潛力與可塑性。**真正好的招募者，不會被現有的條件與需求綁住，而是能看出來應徵的人，未來三到四年後可以發展成什麼樣的位置。**

別忽略你的生活履歷

我也希望大家擴大視角去看經歷這件事，表面上經歷談的是職位、年資、服務過的企業這些職場上的歷練，但現在愈來愈多的企業，也相當注重一個人生活面，或其他方面的經歷。

比如說美國的名校，他必定看你在求學時期社團方面的表現，因為它們著重的是領袖氣質。比如說現在也有很多企業在面試人的時候，會看應試者的臉書（Facebook）。看看這個人過去有沒有什麼特別有意義、有意思的 event，例如公益的活動，或是運動競賽。有時也會看看他在私底下的人際關係，這些都是構成經歷一些很重要的線索。

對於要去應試的人，大家也要小心，千萬不要為了粉飾經歷而誇大不實，這些 HR 可都是職場老手，大家最好是就單純把自己最好的經驗誠實說出來。然後切記不要說以前公司的壞話，因為批評的言行，可是會讓人對你留下極為不好的印象。

經歷會消失嗎？永遠不會

也常有人問我，離職一段時間過後，經歷就會消失嗎？或著需要從頭再來嗎？我認為不會。

原因是這個樣子的。

當一個人要離職的時候，要退休的時候，像一些高階主管，一下子沒有這些抬頭，光環好像一下子不見了，信心消失。但我們知道職位其實只是一個標籤，只是一個工作職稱，不能完整代表你這個人。當我們離開一份工作，不代表經歷消失。就算是能力不足，也還是可以趁休息的時期把縫隙給補起來。

所以這當中的重點就是，我們要很清楚自己的專長是什麼，以及自己在這個領域上，是想要做到哪一個層次的專家？一個人在職場上走到後期，大家會發現，**我們其實不需要太多的經歷，但是需要專精的經歷**。

Less is more，要往自己所要發展的專精去奮鬥。無論是時間、金錢、健康都要往更高的願景去追求。

在追求的過程當中，我們也會遇到很多挫折。人生中不可能一帆風順樣樣美好。我常常跟人家講，**經歷既然是過去行為的總和，那麼一定有好與不好**。不好的經歷也是經歷。大家不必選擇性地遺忘那些不好的事情。我就認為「失敗」是一位成功者必須要有的經驗值，有酸甜苦辣那才叫做人生。

對於過去失敗的事，我們可以從裡面獲得更多的養分，然後再把這些事都轉化成進步的力量。

大家要練習在每一段經歷裡，把種種的行為表現都具體化為一個小成果。那就是以身作則的一種方法。你相信的事情一定要把它做出來，就會變成行動的一部分，也會讓我們愈來愈相信自己的信仰，相信自己核心的價值觀，時間久了，這些價值觀所帶出來實際的作為，又循環形成很好的經歷。

練就經歷，成為「傳奇」

我常常跟人家說，**最好的履歷其實不在於自己怎麼寫，而在於別人怎麼說**。這句話說得很玄，有人問：「履歷不是都是自己寫的嗎？Y.M的意思是要找人代筆嗎？」其實不是這樣。

一份經歷最佳的呈現方式，並不是自己說自己有多厲害，而是透過別人，或是透過時間來記錄自己。例如我們在某一個公司待了很久的時間，或是創造某個事件是讓人懷念的，我常用你能不能成為別人口中的「傳奇」（legend）來形容，是不是擁有一份亮眼的經歷。

例如你在公司裡面創造一個新的流程，帶給後面的工作者很大的方便，當他們以後再使用這個系統的時候，雖然忘記你的名字，可以卻永遠記住這一件事。這叫做「傳奇」（legend）。

第二種經歷最佳的呈現方式，就是「口碑」（Word of mouth）。例如我們過去的同事、組織對我們有非常好的印象，非常願意為我們做某方面的見證。可能用推薦函的方式，或是他們非常願意與我們再次合作，希望來擔任他們的主管，或是再次回到公司來付出。

所以如果你放寬履歷的界線，從整個職涯的「經歷」的視野去看這些事，自然就不會拘泥在學歷、專業證照這些僵化的東西。成就一個人美好經歷的諸多關鍵元素中，當下的耕耘與努力還是最重要的，大學學歷能幫得上的地方不多。

我們看到世界麵包金牌冠軍吳寶春只有國中學歷，在新加坡開法式餐廳被評為米其林二星的主廚江振誠，也只有高職畢業，但他們的特徵都是能不斷在工作的過程中，盡努力去挑戰現況，一步一腳印地去解決接踵而來的問題。而我們仔細想想，企業，不正就是需要這樣精神的工作者前來效力嗎？

閱讀本章後，請試著做做看下面的練習：

- □試著分析過去的工作對現在的工作具有價值的部分，並且把它們記錄下來，看看有哪些地方可以再次派上用場。
- □當你在職場上遇到重大的轉折時，請先用「長期的人生履歷」作為思考，釐清這個轉折對整體的人生而言有什麼意義。（是為了薪資轉折，還是為了願景？）
- □請試著記錄你過去每一次的失敗，記錄這些失敗的經驗帶給你什麼樣的教訓，而下一步你又打算如何去改善？
- □試著建立你的「生活履歷」，例如你有計畫性地培養哪一項興趣？或著你為學習這件事有過哪些計畫？還有你在社交方面的拓展方向。
- □為自己擬定一個人生願景，無論你現在從事哪一份工作，或是有沒有工作，你的下一步都是為了這個願景而準備。

—對話⑫—

【形象】替自己準備些藏不住的美好細節

閱讀本章前，請試著思考自己是不是有下面的情況：

- □我現在的薪水很低，老實說沒有太多的錢去處理自己的門面問題。
- □不管能力怎麼樣，為了給別人好印象，我總是習慣一口答應別人的要求。
- □我非常的欠缺自信，所以常常不太敢提自己的意見，也盡量不要承諾別人。
- □為了和諧，我覺得不用當面反駁別人，只要事後按照自己的想法做就好。
- □我很重視自己給別人的感覺，可是這讓我變得事事得小心，十分痛苦。

隨著工作資歷不斷增加，我在擔任高階主管的時候，職務上常常需要招募一些助理之類的好幫手。我曾不只一次聽到別人提及對這些小女生的印象，除了非常聰明之外，大多數的人都認為她們在穿著與談吐上十分得體。

有些人問我是不是特別注重這些細節，後來仔細回想，這可能與我長期在外商企業服務的經歷有關。

我剛開始進入職場時，是在八〇年代前後，那個時候我印象非常深刻，所有高科技公司的工作者，大概都以 IBM 的員工做為形象的標竿。如果你曾經看過 IBM 的業務代表的話，就會知道為什麼我這麼說。

他們每個人一定都是一身整齊的深色套裝，裡頭搭著藍色或白色的襯衫，每一雙拜訪客戶的腳上，皮鞋一定經過細心的保養，隱隱透著光亮。當時無論是在美國、歐洲、新加坡、中國還是台灣，只要看到 IBM 的銷售人員，就一定是個形象上的標竿。

我當時所服務的美商公司對這一方面也十分重視。在對外第一線人員的部分，我們在給予他們的福利上面，除了績效獎金之外，還另外撥出一部分經費專門打理大家的西裝，還有為儀態、談吐進行訓練，這對任何一間國際化企業而言，都是相當重要的。

形象往往代表一種專業態度

為什麼那些國際大企業那麼講究對外人員的形象？當然是與他們整體的企業形象有關。但是我這裡要提醒大家的，特別是針對一些剛入職場的年輕人，無論你待的公司是不是國際化的企業，**一個人在形象上的表現，往往是代表你對這一份工作的專業態度，同時也代表你是不是非常尊重這個組織。**

我常談到一個觀念，就是你在這一份工作上的穿著與打扮，實際上就是為下一份工作的專業態度做準備。因為無論是穿著儀態、說話談吐、或是簡報的方式，都不是一蹴可及的技巧，它們都是工作或生活當中的一些小習慣。

記得我有一次在阿姆斯特丹某家銀行的總部，看到窗口有一位大約三十歲左右的年輕女士，看她的樣子應該是正準備要前來面試。這位女士全身的穿著都十分得宜，無論是套裝或是鞋子，除了一個地方：「她的包包」！

她當時配的是一個非常休閒的包包，與全身專業的打扮十分不搭調，我當時內心其實非常想提醒她：「我們可是很難有再一次的機會，重新在對方面前再創造一次第一印象！」

很多人認為形象就是外在的打扮，其實不光是如此。我在東方與西方的企業都待過不少的時間，其中觀察東西方企業比較大的差異點就是，國外的工作者對待自己的工作，在認同度方面會比亞洲的工作者來得高出許多。

我們在國外的影集常常可以看到，外國的高級餐廳經常使用那些年紀較大的長者來做侍應生。這代表哪怕只是一個帶桌的服務，他們對於所服務內容無論在知識、技巧、能力上，都非常重視，目的就是希望讓顧客能有個愉快而印象深刻的體驗。

因為認同，所以會對所做的一切都十分尊重。往往一個非常重視形象的人，在工作的表現上也會十分傑出。例如有一些女生上班一定要化妝，這不是美醜的問題，這是一份對職業的莊重，以及一種個人的衛生習慣。這個跟我們在一些商業場合，看見有些人以過於樸素的樣貌出現，恰恰形成一個強烈的對比。

打造內在形象，成為別人眼中的專家

就我參與不少國際會議，或是大型論壇的經驗，那些國際化的經理人可都是十分著重於自己的專業形象。例如再熱的天氣，只要他們是站著演講或是致詞，一定會穿上西裝外套，一直到坐下來才把外套拿下來。這表示他對於聽眾，或是一起談話的人有一定的尊重。

外在的衣著只是形象的第一部分，**如果要藉由形象來打造亮眼的個人品牌，我認為除了要講究衣著之外，還要包含許多「內在形象」的養成。**

例如當你要與對方談論一個議題的時候，對於內容到底能不能呈現自己是一位專家？還有在談吐用字的時候，是習慣用正面的字眼，還是負面的字眼？這些都會在無形中，對外洩露出我們心中所想要表達真正的感受，以及反應出我們對事情到底理不理解。

所以觀察一個人是否對自己的形象有所準備其實是很容易的（對準備的人來說不容易，但是對與你接觸的人來說十分容易），大家可以從接觸一個人表現的「輸出」（output）來看他呈現的是什麼樣貌。

對方是不是真的明白你的用意？還是只是在表象上虛晃兩招。個人形象其實是一個完整的包裹，不只是外在的部分，還有他的內心，兩者是不是有所謂的「一致性」（Consistency）。

五招撇步，讓你練就形象基本功

如果你在平時就能著重於鍛鍊表裡一致的形象，不只是外表乾乾淨淨看起來討人喜歡，就長遠而言，也會協助你在面對外在事物時，擁有一份迷人的自信。一個人的形象絕對是可以透過後天薰陶而培養出來的，我這裡有很簡單的五個撇步，可以提供大家參考：

■正面積極的想法

如果你身邊的人都是充滿負面的聲音，請遠離他們，轉而去跟那些正向思考的人為伍。**正向思考會帶動我們對於周遭環境產生尊重**，透過正面的思維與言行，很容易就會幫助我們在生活上營造出一種正面的形象。

■端正肢體語言

你不會想像一個人在你面前站得歪歪斜斜、滿是倦容，你還能對他產生好感。哪怕是在等公車的時候，我們選擇怎麼站，用幾隻腳站，都能呈現出內心的精神狀態以及內在氣質。還有，請時時刻刻保持微笑！

■堅毅的態度

如果你是一位一遇到困難就容易放棄的人，在觀感上，與你共事的人可能會認為你是因為專業不足，或著沒有自信。更糟糕的，是他們會覺得你沒有挑戰的勇氣。有時候別人觀察我們遇事的態度，是一個很強大的形象放大器。

■充分的準備

當你要好好扮演一個角色的時候，請恰如其分，問問自己準備充分了嗎？有好的知識與技巧嗎？虛有其表可能可以在第一印象上虛晃一招，但是在事情過後，反而會招致更不好的名聲。

■保持謙卑

有的人在形象上風評不佳並不是因為能力不足，而是太過的驕傲。相對的如果你已經具備了完美的能力，那麼懂得謙卑、感恩，會使得每個與你相處的人都留下讚譽有加的印象及口碑。

慎防這些破壞形象的絆腳石

除了這五個能增進個人形象的技巧外，相反地，生活當中我們也能輕易地歸納出一些搞破壞的絆腳石。大家可要十分注意，它們有時不見得是什麼了不起的壞事，但一旦顯現出來，可是會令你的形象大大扣分。我把這些陷阱分為**外在層面**與**內在層面**。

所謂外在層面就是很明顯可以看得到的差勁行為。例如有些人經常不顧他人感受，造成別人的困擾，像在非吸菸區裡非要抽菸，或是在飛機、火車等大眾運輸工具上非常大聲地講電話，還有在公眾場合跑來跑去。這些破壞別人權益的事情，對形象的損害可是非常的大。

另外就是有些人在溝通的時候，很喜歡用負面的，或是諷刺的言詞，在不是很熟悉的交際場合上，這樣的表現其實十分不得體，更不用說有些人很喜歡打小報告，或是挑撥離間。要知道言語的傳布其實很迅速，很快地，大家就知道你就是那個挑撥的人，而慢慢對你敬而遠之。

在內在層面，我經常建議一些在外在形象上已經十分完美的人，**如果想要更**

上一層樓，必須要學會打敗「內心的敵人」。比如說在心態上不要想著一直去跟別人比較，比較之心有時候會帶給自己在形象上有不好的引導。第二個就是不要一直想著自己的缺點、弱點，進而缺乏自信，而是要把它變成一個改進的動力，去加強自信。

最後我想提到的是，其實最好修煉個人形象的方式，就是先想一想「內心中標竿的自己」，想一想我們想要成為什麼樣的自己。因為當你從心中的最佳樣貌來影響外在的行為時，你想的就是你做的，這樣的形象是比較健康的。

當我們的思維、心態與行為三種面向是一致的時候，才算一個形象完整的人，這樣就不會違背自己的良心去做一些不認同的事，也會活得更快樂，有一個更完美的人生。

閱讀本章後，請試著做做看下面的練習：

☐ 在前一晚，預先為明天工作的場合、出席的活動準備好適合的服裝，並且仔細檢查細節，不要因為匆匆忙忙出門而壞了大事。

□除了衣著之外，建立自己的「精神形象」，你可以先找出五個指標進行練習，例如自信、謙遜、謹慎、禮貌、有精神。

□在平時就自己所從事的領域進行準備，隨時把這個領域的基礎知識準備好，當別人提到這些問題時，讓自己像個專家。

□練習對無關的事情「不評論」，不要隨意談論新聞、不要隨意談論別人的私事、不要在別人背後進行議論。

□練習多多從事一些正面的活動，例如運動、閱讀、學習，並且嘗試分享這些經驗，從這些正面活動去形塑大家對你的基本印象。

挑戰與實踐

讀完這個 Chapter 後，給自己一個行動清單，並在完成之後進行勾選。

關於【行為】，我目前可以馬上著手改變的五件事。

□ 1.

□ 2.

□ 3.

□ 4.

□ 5.

關於【習慣】，我目前可以馬上著手改變的五件事。

□ 1.

□ 2.

□ 3.

□ 4.

□ 5.

關於【經歷】，我目前可以馬上著手改變的五件事。

□ 1.

□ 2.

□ 3.

□ 4.

□ 5.

關於【形象】，我目前可以馬上著手改變的五件事。

□ 1.

□ 2.

□ 3.

□ 4.

□ 5.

CHAPTER 5

4C1A

運轉五大優勢，創造長期的繁榮

對話⑬

Create / 向框外跨一小步，讓思考前進一大步

閱讀本章前，請試著思考自己是不是有下面的情況：

- □我覺得創意是天生的，而且自己剛好就不是天生有創意的那種人。
- □當我想要有創意的時候，腦袋反而更緊繃，愈緊張我愈是什麼也想不出來。
- □每次要僱用新員工的時候，我當然想找有創意的人，但又怕他們很難管理。
- □如果創新無法帶來立即的成效，我很難開口說服大家對創新投入資源。
- □我很害怕提出一個「蠢」的意見，所以不如按照老方法做，還比較保險。

雖然專長在HR領域，但是長久以來，我一直是個多重任務型的員工。人力資源處理的就是「人」的事情，那是全天下最複雜的工作，我們要會溝通、行銷、

要制定聰明的流程、要知道一點技術，甚至，還要懂一些心理學。

人的事情總會出現「預期外」的狀況，對一個主管來說，如何處理這些狀況才是最重要的本事。

我後來發現，不斷地去處理那些預期外的事，也意外培養出了某項工作紅利：就是在遇到一個新問題的時候，腦袋會有比較多的想法。

不過大家可別誤會。腦袋有更多的想法或是更有創意指的並不是我變聰明了，或著是刻意地不按牌理出牌。而是我發現，在面對新問題的時候，自己漸漸養成一個習慣：一旦陷入不停繞圈、鬼打牆的時候，我常常先踩住剎車，想辦法聽聽「外面的聲音」。

有的時候你會發現，**一個富有創造力的意見，不見得需要絞盡腦筋，可能只是需要與大家來一場腦力激盪，聽聽外界的聲音！**

培養你的框外思考

如果想要慢慢培養自己能從事實現抱負的工作，一顆創意的腦就更加顯得重要。

因為無論在工作或是生活方面，常規的想法永遠只是在解決常規的問題，而能夠為所做的事情帶來最高價值的想法，往往需要出人意表。

網路上流傳著這麼一則故事：

有一個年輕人開著車在荒郊野嶺遇上三個人。一位是他的好朋友，這個時候已經走得累得半死，一位是個急需到醫院看病的老太太，一位是他心儀已久的女孩子。可是這個時候車上只剩一個座位，請問他應該選擇載誰呢？

最後這位年輕人選擇把鑰匙交給好朋友，請他載著老太太下山看病，然後自己跟著心儀的女孩子慢慢走下山！

很有創意對不對？

美國有位知名的心理學家基爾福特（J. P. Guilford）曾嘗試為這樣的思維模式解答。他分析，一般人在遇到問題往往習慣「聚斂性思考」（convergent thinking），也就是集中自己的經驗找出「最佳的」解決方案。可是有另外一種人，他們嘗試在「框外」找答案，採用擴散性思考（divergent thinking）從不同的角度看問題，盡量去尋求「可能的」解決方案。

想想看我們是屬於哪一個類型的呢？

你是否在生活中遇到一些情況，例如一方面忙著出差要撰寫一份企畫案，一方面同時又忙著幫小孩做功課，然後體力又已經透支？這個時候不妨好好練習「框外思考」，不要先想著完美的解決，而是針對可能的結果好好作出觀察，也許能找到許多令人驚豔的想法。

不願傾聽，會阻撓你巨幅的改變

有一句俗諺說：「問題像是煎鍋裡的雞蛋，而鍋子永遠比蛋還要大！」它的意思是，我們其實不必仰賴自己知道的那一百零一套方法去解決問題，而是應該拓展「雞蛋以外」的部分。

框外思考並不是一個由內而外的思維模式，它意味著要能夠願意接收更多外面的資訊。但這在職場上其實並不容易，我認為主要的原因在於，大家其實都不太願意「傾聽」。

因為每個人或多或少都希望自己具有權威感。我們不斷地累積經驗、精良技藝，不正就是為了塑造一個具有專業權威的自己嗎？

但是相信大家也都認同，現代社會中有許多問題，其實最權威的答案，不一定是正確的解答，甚至許多問題也根本不需要一個正確的解答。舉一個簡單的例子，當你想要舉辦一場擁有絕妙體驗的餐會時，你會按照自己的經驗來尋找餐廳，還是先徵詢用餐者的意見，先聽聽他們有哪些推薦的餐廳？

哪個方式更富有創意呢？相信答案顯而立見。

我們可以觀察出，**那些真正善於框外思考的人，多半都很願意傾聽與觀察**。相反地，我們身邊也有許多人的個性比較封閉，因為礙於自己的權威，很難願意向外面的世界進行探索。就算有時候他們有一個很 creative 的點子，雖然亟欲分享，卻也會很固執，這大大地降低了讓他們的創新有更完美成熟的可能性。

我常常參與一些國際性的研討會，發現那些真正國際級的管理大師，都有一項特徵，就是無論自己有多麼權威，他們總是樂於與台下的聽眾進行交流。當聽眾提問的時候，他們通常不急著解釋答案，而是先詢問聽眾們對這個問題有什麼看法，然後再用反饋的方式來回應。

當部屬永遠比你創新，你就等著他走人！

從個人的思考模式延伸到組織內部，我們也可以很容易理解，為什麼組織內特別容易抗拒創新。**因為多數的組織是講求和諧的，對經理人而言，職場的和平可能比世界和平還重要。**

如果你是一位主管，經常為部屬沒有創造力的思考而傷腦筋，你可能要先想一想，創意、創新、框外思考這些東西對他們有什麼好處？

每個人到了職場上都是為了利益而工作。這句話或許很現實，但我寧願很實際地談這件事。

說到利益，大家想到的會是什麼？有一種是物質上的利益，像是得到獎勵，或是得到更好更快解決事情的方法。另一種則是精神上的利益，就是一件事情就算結果可能不是那麼好，但是仍然獲得重視，大家能產生認同感。

就像我經常到許多企業上變革方面的課程，有些組織，我去上課的時候，沒有人認為變革很重要。他們就會覺得我們怎麼想，怎麼錯。那為什麼還要上這個課？

這是因為創新的人走的速度往往很快。如果你的組織有很強勢的領導者，那麼要下面的人有創意，說實話很難。但是反過來，如果你的部屬走得很快，但主管沒跟上，等於是員工在進步老闆沒有進步，那當然就等著這些優秀的人離開。

那要怎麼解決呢？我認為問題出在「共識」！

所以每次要為組織進行創造力方面的課程時，我都會先診斷老闆，然後想辦法讓老闆與員工進行溝通，讓大家開誠布公地了解，我們要進行探索的能力，真正的目的是為組織創造價值，創造有用的東西，讓雙方都有一致性的共識，這個時候，老闆與員工才會進一步願意放寬思考的模式，全力以赴。

創造力是一個逗點，不是句點

在現在這種時代，大家比的是速度，而不是比完美。創新與創造的能力在這樣的狀況下就像是一種習慣，而不是一張畢業證書，世界上沒有一種創新是學會了就可以停止了的。

在過去的許多課程與顧問的案例中，我發現創新與創造力在許多狀況下不能一切為二，也就是它無法有真正達到完美的一天，無論你的組織具不具備創新能量，都有許多隨即而來必須進行的功課，等著大家去練習。

如果你或你的組織目前很缺乏「create」的刺激，那麼可以嘗試看看下面的方法：

■短期

一、為自己或是組織設計適合的活化思考工具，例如進行很多的腦力激盪會議、運用心智圖進行聯想。

二、增加向外向外接觸的管道，例如多多參與不同領域的活動，或是乾脆大家來組織幾場讀書會！

三、尋找創新產業的標竿，可以先從模仿開始，看看他們是怎麼做的，從他們的做法中再去演化出新的想法。

■長期

一、想一下自己或是組織存在的目的是什麼，也就是找出你存在最具價值的部分是什麼？然後看看要到達到這個位置，目前欠缺哪些資源？

二、釐清願景，與夥伴們一起討論什麼是符合這個願景的發展策略，或是商業模式。

三、診斷現在的痛苦點，大膽為未來做出一個新的定位，但這個定位要很清楚未來的挑戰有哪些。

另一方面，就算是你或你的組織在「create」的方面已經做的不錯了，你們仍然可以嘗試下面的方法，讓創造的能力加以精進、強化：

■短期

一、加速強化創新執行力，也就是把創新落地、實現的能力。

二、加速創意的溝通。這裡你需要先理解的是，創意的溝通大概分為三種模式：

●「操控型」（manipulation）。就是還沒有達成共識，就先把創意做出來。這適合當團隊陷入構思撞牆期的時候使用，畢竟先做出來比什麼都不做還好。

●「說服型」（persuasion）。如果時間多一點，團隊就應該試著增加彼此對創意的認知與了解。

●「影響型」（influence）。也就是引導大家先達成共識，腦中有了共同的畫面，那麼想像空間就會更寬廣，比較容易激發創新。如果可以的話，我們當然鼓勵盡量採用第三種溝通模式。

三、開始為創意預留空白、減法、加法的空間，保持可以變動的彈性。

四、強化授權的機制，加速創意落實的流程。

■長期

一、思考如何去擴大創意與創新的影響力。例如怎麼把創新的產品與服務，延伸成為創新與創意的品牌，或是在整個產業界的象徵。（例如 iPhone 取代了 smartphone）

二、持續創新，例如每一年都努力打造具有差異化的產品，用創新去領導市場，而不是讓市場來逼你創新。

三、讓創新深入組織成為一種文化。光靠一個人，或是一個團隊來維繫創新，這樣的創新不會持久。創新不該只停留在一個人身上，而是應該深入組織的土壤之中，才能長久。

我相信直到今天，仍然有許多人認為創意是天生的。但是如果我們不是天生就有創意呢？也許，你反而不應該停下腳步，而是該試試上面提供的方法。多多傾聽、練習框外思考，以及樂於嘗試新東西，藉著這些方法協助自己當個永遠掌握最新趨勢的人，最重要是，讓自己從此以後不再畏懼創新，能夠享受創新的樂趣！

閱讀本章後，請試著做做看下面的練習：

- ☐ 今天開始，練習觀察每天的例行事務，看有沒有不一樣的方法，不一定要實際去做，但是要先進行想像。
- ☐ 想像同一件事，如果是你認識的另外一位高手，他們會怎麼做？也許是你的老闆，也許是你的職場導師，或是某一位標竿人物，想像一下他們會怎麼做？
- ☐ 定期跟團隊舉行溝通的會議，主要不是討論該怎麼創新，而是聆聽團隊有哪些想法，或是他們不願意執行創新的原因，了解大家的需求。

□如果你覺得現在的工作已經很熟練了，那麼請設立更高的挑戰，把它們磨鍊成精。例如只用一半的時間完成它們，有時你得逼出自己的創新潛力！

□創造一個機制，鼓勵團隊中善於創新的人進行分享，例如舉辦沙龍，演講，或是小組分享，讓他們更容易傳承方法，以及把創新的熱情感染給每個人。

—對話 14—

Compete／努力當下，請捨棄未來競爭力的想法！

閱讀本章前，請試著思考自己是不是有下面的情況：

- □ 我很清楚知道未來要有哪些能力，不過得忙完現在的事，才有時間去培養。
- □ 為了維持競爭力，我總是處於高壓的狀態之下，不敢懈怠，這讓我很痛苦。
- □ 現代人要準備的能力實在太多了，我實在沒把握哪些對未來才真的有用。
- □ 從小到大我總是很努力表現出很有競爭力的樣子，但卻不知道是為了什麼。
- □ 我覺得能力愈強就愈孤單，如果能重新選擇，我寧願當個沒什麼競爭力、但討大家喜歡的人。

雖然都是華人，但我來自新加坡，大家都知道新加坡是英語系的國家。

記得剛來台灣的時候，我的溝通與想法都是英式的思維模式。例如在大型會議上，我經常中斷發言，那是因為我在思考，該用英式的，還是中式的表達比較合適。有時候我發現，自己得用英文的思維，然後用中文來表達！

當時我的工作步調很緊湊，也沒有什麼時間去補習。我的中文，就是這樣在每一天跟同事的交流、與主管的簡報當中，一步步跌跌撞撞培養起來的。那時候覺得有點辛苦，可是現在想起來，**也正是這項能力，為我日後的職涯創造了巨大的優勢。**

因為會中文，所以我不只能待在新加坡，還能到台灣，甚至中國去擔任人資的高階主管。加上我的母語本來就是英語，又因為在歐洲待過的關係，所以略懂一點點荷蘭文，語言的優勢，的確為我的國際化工作環境，奠定很好的基礎。

「Y.M，所以妳覺得年輕人應該趁早設定目標，提早準備自己多國語言的競爭力，是這個意思嗎？」不少亞洲的同事曾經問我這樣的問題。

「可是我們又不像妳，從很早就規劃自己成為國際化的人才。」

「No，我從來就沒有預先為未來準備過任何的競爭力。」每次這樣回答的時候，我身旁的人總是瞪大眼睛，一副不可置信的樣子。

我心裡的想法是這個樣子的：許多的人把能力與競爭力的界線模糊了。當然，為了某一個考試預作規劃準備，這樣的狀況很常見。可是我認為競爭力指的是長期跟別人差異化的表現，很多時候，這種表現並沒有辦法透過短期衝刺的方式來完成。

專注現在，比打造未來更重要

有許多 HR 經理在面試的時候，總是喜歡問面試者未來兩到三年會怎麼做，該怎麼準備？但是我更喜歡問對方，打算怎麼樣把現在的事情做好？

這裡有一個很大的邏輯陷阱。**我們想打造能力的時候，很多都是為了「未來」，但其實競爭力的形成，永遠都是在「當下」。**

舉一個很簡單的例子。例如大家為了去國外留學，就想要到補習班裡補多益（Toeic）的成績。可是大家都知道台灣的學生，從中學就開始學英文，到了大學畢業，至少也經過了十年的英語學習過程。但很多人考多益，是從決定要考的那一天才開始準備的，少則幾個月，多的話也只有一年。

有需要的時候，就想在短短的時間內打造競爭力，而平常學習的時候就採取無關痛癢的態度，這好像是一個普遍現象。但更多的時候，大家可以倒過來看競爭力的邏輯。也就是我們的能力永遠是一個結果，但是競爭力卻是一個過程。

我們的確很難去預知未來，尤其是十年二十年後的事情，就算去想也只能有個模糊的概念。所以很多事情的準備，其實是看現在卡到的這個位置，或是看現在是什麼樣的身分，然後針對這個位置與身分馬上做些什麼，透過能夠處理現在馬上要發生的事情，不斷進行強化，然後去補足它的學習。

現在做的事情的表現，就是競爭力形成的過程，而不一定非要未來某個位置出現，才匆匆忙忙準備。

許多人回答不出競爭力是為了什麼

我之前曾經參加過一個怎麼樣讓員工具備領導力的研討會，收穫最大的一點就是，台上的講者要大家不斷釐清、純粹化做一件事情的動機。他認為如果員工根本搞不清楚為什麼要有領導力，那麼後續的步驟很容易就會變成一種成功學、雞湯類的激勵大會，效果很短暫。

以此類推，想要培養競爭力，就要先知道到底是為了什麼。

「當然是為了有更好的條件，獲得升遷呀。」許多人會這樣回答。

但是現在的社會資訊實在是太多了，如果空想著升遷，然後預設自己要有哪方面的競爭力，腦袋常常會被打混。要同時準備溝通、企畫、領導、策略、銷售……可是一件比登天還難的事情。

我認為無論就個人還是組織，**競爭力在動機方面的源頭，應該是搞清楚什麼事是對目前「最有價值的東西」**。不清楚價值，多做也沒有成效。就像一個小朋友讀書的時候，如果他只是為分數去讀書，卻弄不清楚分數能夠帶來的價值，那麼他最多只能成為一部考試的機器，而不懂學習知識其實是為了解決問題。

思考「最有價值的東西」並不是空泛的事，而是先想清楚，這件事做了與沒做，跟過去不一樣的地方在哪裡？

以前我最喜歡研究同事的工作流程，花很多的時間去了解工程師是如何度過他們的一天。他們怎麼開早會？到客戶端做什麼？怎麼去發現、解決問題？然後回來的時候，怎麼把這些 know-how 放在公司的平台？

之所以這樣做，是因為心裡知道如果能把這些知識分類，再分享出去，就可以讓初級工程師看到資深工程師是怎麼有條不紊地處理事情。當達到這個目的，我們的產品就會更好、效率就會更高。

不斷地想方法讓當下各式各樣的生產力、品質，達到一個一致性高水準的成果，時間久了，自然就成為這家公司的核心競爭力之一。

競爭力不是表現自己，而是表現成果

很多的時候大家看競爭力，比較急於凸顯帳面上的幾項成績，然後專注在上面的表現。但我們看到那些最優秀的工作者，他們的能耐往往很難用單一的面向去解讀，大家也難以超越。**因為他們勝出的，是所有的能力達到一個「心流」的狀態，讓自己優游其中。**

他們讓自己的「知識」（knowledge）、「技能」（skill）、「態度」（attitude）內化，那麼發揮出來的能力可以說是處於自由的狀態，而不只是一兩項成績，好像他們做什麼，怎麼做，都能非常傑出。

真正的競爭力其實不是要表現自己，而是專注在所做的事情本身。每個人都曾有一種經驗，當我們心無旁騖，專注在某個工作目標的時候，時間彷彿會暫停，我們在一段時間內會無止境地奮力工作。

如果可以讓這種「有目的的前進意識」成為工作核心，做一件事自然就會像反射動作一樣重組腦海中的知識。你會更專注於手邊有什麼，或欠缺哪一種工具、技能，也會有想要讓事情做得更好、更有影響力的心態。

要達到卓越的成就，動力往往在最深處的地方。

真正的競爭力不用模仿任何人，專注當下的事物該如何「做得更好」，就可以漸漸創造出「心流」的工作模式。「做得更好」跟「做得好」不一樣的地方在於，**「做得好」的重點，是在證明自己的能力很強。而「做得更好」重點卻是在不斷培養新技能，同時也會不斷把比較的基準點拉高。**

所以如果說什麼事情是目前最重要的，我認為與其強調某一種單方面的競爭力，還不如培養自己在學習方面的競爭力來得重要。

不要掉進「天才總是孤獨的」的陷阱

如果只是把重點放在自己的表現上，為了競爭而增加能力，容易把競爭（Compete）淪為一種對抗的工具。我要表現比你好，所以能力要比你強。這樣的誤解，導致很多職場上能力很強的人，通常也都很孤單、很不好相處。

我印象很深刻的是電視劇《慾望城市》（Sex and the City）。這部戲演的是四個女生一起住在紐約的故事，其中女主角之一的米蘭達是哈佛法學院畢業的律師，她的職場競爭力特別強，可是事務所裡面有一半的人不喜歡她。

當然不是說做人非得討所有人的喜歡。而是強調真正能夠走到最後的人，會不斷把自己人生的格局拉高。**他們不只是在乎自己贏，而是要團隊、周圍的人統統都贏。**

也不是只有事業上的競爭力才重要，長期來看，家庭的、情感的、健康的競爭力，可能在一開始看不出來，但是當你想要到達下一個更高的層次的時候，這些條件往往才是決定事情成敗的關鍵。

競爭最終的目的是為了解放自己、讓能力自由，而不是比較！

「做的更好」比「做得好」還重要

如果只是為了比較，到最後，明明有能力，但是卻施展不開來，那非常可惜。

競爭力是要表現在成果上，而不是證明自己有多行。有些人很畏懼展現自己的弱點，認為處處都要贏。他們不希望自己砸鍋，不容許犯錯，久了之後就養成一種不肯改變的習慣，也比較不願意跟別人接觸，也許一開始能力還不錯，但時間一久，又漸漸被更具優勢的人所淘汰。

所以該怎麼去培養一個與時俱進、長期性的競爭力呢？我認為大家應該都要更新一下大腦，把注意力放在如何讓工作與生活「變得更好」的思維上。

■允許自己犯錯。

在嘗試一個有挑戰的任務時，試著告訴自己可能沒有辦法一次做到最好，但是卻願意用「變得更好」的心態去做。有許多研究都顯示，不要追求完美無瑕的演出，有時犯錯的機率反而是低的。

■遇到困難時，懂得求助。

很多人都有個迷思，向別人請求幫忙就代表能力不足。實際上現在是個多工的年代，只有天才和最笨的人，才會想像凡事都得自己來。懂得向別人求助，有時反而是很有能力的表現，因為你著重於達成更好的結果，而不是只重視自己。

■不斷更新比較的基準點。

如果是這一季度的表現，就拿上一季度的成果來看是不是變得更好。我們經常看到許多職業運動的總教練，在球隊拿下勝利之後，總是說：「高興一晚就夠了。」因為他們相當清楚目標是總冠軍，明天開始，更難的挑戰即將而來，而今天的勝利已經結束了。

■持續進步比完美更重要。

完美很難達成，每一天微小的改變卻輕而易舉。持續把進步轉化為量化的目標，經常刻意練習。例如不必要把「擅長英語」作為目標，而是要去想，今天我面對英語，做了哪些動作？是不是比昨天或上個月多？做了動作是不是程度還是一樣？不一樣的地方在哪裡？

想刻意做到上面的練習，我在企業當中用得最多的方法，就是不斷很清楚地跟同仁溝通「願景」。當然，企業有很多方法獲得有競爭力的人才，不管是用買的、用借的、或是自己培養。但是回過頭來看，競爭力永遠只是一項觸動結果的工具，長期來說，最能觸動人心，讓人擁有豐沛動力的，還是一個人的願景與使命感。

而且在這個複雜的時代，**競爭力也不是依靠單方面能力就能達到成效，它還必須伴隨協作、創新、以及管理的能力，才能相輔相成**。如果其他方面的能力落差很大的話，那我建議大家可以對競爭力先緩一緩，也許缺口是在其他方面，而不在競爭力這個環節。

閱讀本章後，請試著做做看下面的練習：

- ☐ 擬定一份清單，上面列出所有你認為對自己而言很關鍵的能力，然後仔細核對，看看哪一些能力是已經許久未碰的。請重新為這些能力做出培養計畫！
- ☐ 擬定一份清單，上面列出所有你目前的工作當中，最具有價值的能力，然後為它們規劃一份發展計畫，讓這些能力能更上層樓。

□ 從今天開始，做一件事情的時候，不要先想著完美，而是先思考它最具價值的地方在哪？哪些方法可以讓它做得更好、更有效？

□ 如果你覺得現在的工作已經很熟練了，那麼請設立更高的挑戰，把它們磨鍊成精。例如只用一半的時間完成它們，有時你得逼出自己的創新潛力！

□ 練習每當有一個新想法的時候，不要只想靠自己的競爭力來達成，而是立刻去找一群有不同方面競爭力的夥伴，來截長補短。

一對話 15 一

Control／別等耗光資源，才知道什麼叫一無所有！

閱讀本章前，請試著思考自己是不是有下面的情況：

- □因為工作壓力大，所以我經常藉著大吃大喝來放鬆，但結果反而更糟糕。
- □現在的企業既要求新求變，又要維持紀律；既要加快速度，又要降低風險。這讓我非常困惑。
- □我覺得許多管理的機制，只不過是拖慢大家作業的時間，非常沒有必要。
- □我發現年紀愈輕的員工愈來愈難管理，對九〇後的人來說，公司最好什麼都別管。
- □我只有「一套」管理方法，一旦遇到太意外的狀況，情況很容易失控。

很多人問我為什麼能讓身材保持那麼的纖細？特別在亞洲，這好像是每一位女性見面都十分關心的話題。

「妳是不是吃得很少？或是為了控制體重而不喜歡吃東西？」這樣的想法只答對了一半。

曾經和我一起共事的同事都知道，Y.M 一向樂於享受各種美食。每當我到一個地方出差的時候，最開心的，莫過於和當地的夥伴一起去尋找當地最具有特色的餐廳，總是有一些專家級的夥伴能領著我去吃道地的「巷仔內」，滿足辛勤工作之後的口腹之慾。

但是許多和我熟識的朋友也知道，關於飲食，我有一些個人的小習慣。首先肉類方面我一定以海鮮作為首選，不太吃紅肉。而飲料方面，也很少喝帶有咖啡因的東西，大多都是以新鮮的果汁，或是富含纖維質的湯品為主。而晚上，更是盡量避免吃油炸的食物。

當然一開始要養成這些習慣並不那麼順利，**但為了獲得更長遠的成就（例如健康），有時候我們不得不採取克制的做法。**

連吃都無法管理，你還能管什麼？

Control，多數的人碰到這個字眼都帶有一點不舒服的感覺，那表示我們不能隨心所欲的做某些事情。就像我的飲食習慣，沒有辦法大吃大喝，沒辦法盡情地享用高熱量的食物，……以此延伸，我們每一個人都沒有辦法想睡到幾點就睡到幾點，想要什麼時候工作就什麼時候工作，想買什麼就盡情地買。

這是因為**「你不 Control 什麼，就無法成為什麼」**。面對想要達成的目標，每個人都必須仔細計算自己所能掌控的資源。不管我們是不是主管，有沒有帶人，負的責任有多大，只要懷抱著「希望成果按部就班出現」的企圖心，每個人就應該開始練習當一位「自我的管理者」。

回想一下你昨天做過哪些事情，有些景象會讓「自我的管理者」更為清晰。

例如你早餐選擇吃什麼？是草草果腹，還是選擇能使精力旺盛的一餐？也許你因為做的雜事太多，不經意地把時間花在回覆無關緊要的郵件，與同事在茶水間閒聊，或著你為了某一件棘手的任務耗損過多的思考，讓猶豫不決耗盡精力，最後決定加班好幾個小時，拖著疲累的步伐回家。

這樣的循環可能不只出現在一天而已。只要看看昨天做了哪些事，每天早晨一上班，我們立刻對今天要做什麼，要怎麼做胸有成竹。大家都迫不及待想要早一點實現目標。可是，一旦進入了工作的狀態，我們又很容易做出與想像中完全相違背的事情，或是產生其他的想法，因此放棄了先前的工作規劃。

每個人一天當中，多多少少都有像這樣失控（out of control）的經驗。

當你耗光資源，才知道什麼叫一無所有！

如果你想要當一位管理者，那麼失控可就不只是思維的問題。因為位階愈高，人與事、資源與目標的關係將會更為複雜。牽一髮動全身，失控的環節愈多，就愈影響組織的成果無法保質保量地出現，進一步降低預期的收穫。

所以我在過去所從事的任務中，除了創新、協作、以及競爭力這些顯著的議題之外，更清楚「控制／管理」（control）是讓所有事情走在正確的軌道上，一項最不可迴避的環節。失去了control，無論組織的創新、競爭能力再強，也走得不長遠。這是因為長期對資源採取放任的態度，將會帶來兩種可怕的後果。

第一種就是負面的「複利效應」。也就是如果每天對失控的狀況不加理會，一點一滴，狀況就會愈來愈壞，也會加快崩壞的速度。我曾經在《國家地理頻道》看過一系列空難現場的節目，有不少飛機在高空中解體的案例，一開始，只不過是機身的某一部分出現了一條比頭髮還要細的裂縫！

第二種就是「不可逆轉性」。**當做事的習慣或是組織慣性日積月累形塑成型，那麼壞的狀況終究會達到一個臨界點，轉變成很難收拾、甚至是不可補救的局面。**就像人的身體一樣，器官的衰竭就是不可逆轉的狀況（否則人就長生不老了）。

管理者永遠的惡夢就是不可逆轉的情形發生，再強的競爭力，再好的決策此時也無能為力，因為已經沒有資源了。人往往在耗光了資源之後（相信我，那非常的快），才能體會到什麼叫一無所有。

效率，是被設計出來的！

想在資源耗光之前達成目標，是 control 的核心概念。更積極地思考，我們是想要用更快更有效的方式來達成成果。因此所有關於管理能力的問題都將環繞著三個環節：目標導向、效率，以及避免風險。

目標導向往往是 control 最重要的環節。例如我為什麼要節食？因為不節食，就會胖。我們要先想好一個結果。

「他們忙，忙對地方嗎？我們要先確定他們忙的是不是正確的事，是不是在用正確的方法做錯誤的事情。一位優秀的管理者，是不容許自己瞎忙的。」管理大師彼得．杜拉克曾經這麼說。最卓越的管理者往往不是只知道埋頭苦幹的人，他們一定很清楚目標，然後才能評估達到目標的過程中所需要的條件。

每天做什麼、怎麼做、如何才能使品質更好，這些動作為的就是加速我們達成目標的效率。**然而所謂效率指的並不只是最快的速度，而是用耗損資源最少的方式把任務執行到位。**

二〇一六年中，我與一位好友到京都旅行。這是我第一次到關西地區，對於城市的印象，與雜亂的東京截然不同。京都的街道異常乾淨，難道他們編制了比其他國家更多的清潔隊員嗎？當然日本是很重視環境的民族，但我的觀察是，在方法上，他們對於保持整潔這件事預先採取了有效率的設計。

第一個是他們並不是每一條街道都常常有人打掃，而是在遊客多的地方，才會增加清潔工作的頻率。第二個是他們的攤販並不是常態性的出現，而是有慶典的時候才會大量集中，這大大降低垃圾積累的可能。第三個是，你會發現京都的街頭很少設置垃圾桶，這是他們為了主張每個人都應該管理自己隨手產生的垃圾。

好的管理，讓京都的街頭感覺連下水道都是乾淨的，而這一切都是刻意設計的成果。

Control 不是阻力，而是加速

很多人不喜歡 control，有一個最大的原因是認為控制得愈多，做事情的阻力就愈大。其實剛好相反。

因為當所有的規範都根據既定的目的所設計時，就愈能糾正管道當中的失誤，暢通達到目標的過程，進一步才有複製整個流程的可能性。我們看到所有的全球化企業早在擴張之前，都一定會預先設計好環境所需要注意的每個環節。**沒有好的管理，競爭力、創新能力並無法突然從天空中掉落下來。**

所以加速是一個過程，並不是目標。control 聽起來是控制，其實是要創造一

個環境，讓環境協助我們更快達成目標。

大多數的人把管理／控制當成一個阻擋力，是因為沒有站在組織層面進行思考。全球知名的連鎖企業例如像麥當勞、7-Eleven，靠的都是control。他們加速效率的目的是要擴大，從管理一家店到管理數千家店。

當你站上一個組織管理者的高度，也就很容易看得出來，管理對於績效、效率的功能。例如哪些部屬、哪些分店不喜歡做績效管理？第一個一定是績效不好的，第二個就是事情實在太忙，管理的設計不敷實際狀況。這個時候，改良、修正出一套好的管理制度，有時候比增加資源還要來得經濟有效。

管理管的就是一致性

幾年前我曾經在台灣一家相當知名的企管顧問公司服務。這家公司的經營者以點燃員工工作的熱情著稱，常常舉辦類似「激活態度」的活動。每年有各式各樣感恩客戶的計畫，不定期有凝聚公司同仁向心力的聚餐。現在回想起那些愉快的過程，我慢慢察覺經營者的用心，可不只單方面想激發員工的熱情而已。

作為一個組織的管理者，我們都知道熱情與意志力的力量。大多數的人在工作任務失敗的時候，第一個想到的，就是檢討自己是不是過於懶惰，或是漸漸喪失對工作的熱情。

可是如果你理解一個人的心智運作模式如何影響行為，就知道意志力其實是很有限的資源，如果在環境中不刻意設計管理的環節，意志力很容易因為過度使用而消耗殆盡。

公司的成長靠的不是意志力，而是高度一致性的表現，業績可沒辦法隨著心情起伏而不定。「一致性」代表的是每一次執行相同的任務，無論你的心情好壞，都能用同樣的方法得到預期的成果。

慢慢地，我觀察出這位企管顧問公司經營者對於熱情的一致性，其實做足了管理上的基本功。除了大量的活動之外，對日常工作的季計畫、月計畫、週計畫，乃至於新進人員的養成計畫、各式各樣的考核，這家企業是嚴格執行。

想像一下你是這家公司的員工。每天上班都有不同的工作準則可供依循，而這些準則很一致。長期執行下來，在同樣的狀況、同樣的條件下，手頭上的工作很容易在自動的狀況下輕易達成，因為好的管理措施已經將工作環境打造成一個自動自發的環境場域。

相反地，我也歸納出一些比較欠缺管理力的企業，他們在某些方面做得比較不足而影響了 control 的效能：

一、流程說不清楚。
二、不夠客戶導向。
三、不夠一致性。
四、沒有預先設計方案。
五、沒有替代方案。
六、不清楚做這件事的價值在哪裡。
七、環境中壞的因素太多，行為被反控制。
八、過度糾結整件事情的意義，而沒有切分為小目標。

我認為專注、一致、與習慣並無法藉由單方面的心智來達成。**一個好的組織，好的管理者一定會在環境上重視 control 的規劃**。我們每個人都應該很有效的準備好每一天。早上出門前，花點時間問問自己，為這一天做好準備了嗎？接下來要做的每一個動作是否可以幫助我們更迅速地達成目的？

無論我們做什麼，永遠都不要每一次都像第一次那樣去做，或是還沒有思考就一頭栽入，要知道工作完成度最高的，永遠不是行動最快的，而是在管理上準備工作做得最好的那些人。

閱讀本章後，請試著做做看下面的練習：

- ☐ 請嘗試做一個控制欲望的計畫。請注意這裡說的是「控制」，並不是「戒絕」。例如用餐只吃七分飽。例如降低喝含糖飲料的次數，從一天三杯，改成一杯。
- ☐ 先拋開時間管理，找到一天當中最有精力，與最專注的時刻，並且將最重要的工作排程，排進這個時刻。先管理效能，再管理時間。
- ☐ 練習降低資源，例如本來三天要完成的事，用一天去完成。你會發現資源過多有時不見得是件好事，最有效的管理，往往出現在資源貧瘠的時候。
- ☐ 為你的工作環境進行設計，盡可能在每個關鍵的環節，都用最專業的標準來打造，例如你的工具、你的流程、你的座位，事先設計易於管理的條件。

□為手邊的工作製作一份評分表，分為「及格」「尚可」「優秀」三個等級，然後觀察最多的指標座落在哪個等級。這個過程，是為了觀察出工作成果是否具有「一致性」。此後，再接著打造一個進步計畫，讓一致性漸漸往上提升。

—對話⑯—

Collaborate / 協作是績效最佳的助攻手

閱讀本章前，請試著思考自己是不是有下面的情況：

- ☐ 每次跟別人合作的時候，我總是會擔心自己的點子被別人偷走。
- ☐ 我覺得跟別人一起合作有許多要顧慮的地方，還不如一個人做來得有效率。
- ☐ 工作的時候，我總是覺得團隊中的「落後者」，讓自己損失了太多的權益。
- ☐ 我知道合作很重要，但是餅（資源）就是那麼大，我不得不用競爭的方式來搶奪資源。
- ☐ 團隊中每個人的想法與目標都不太一樣，我很難激勵別人願意跟我一起完成任務。

二〇一二年我有機會到亞特蘭大參加 SHRM 論壇（Society for Human

Resource Management，美國人力資源管理協會）。那是全球人力資源界的盛事。記得沒錯的話，當時全世界有近一萬二千人參與活動。

不知道你有沒有參加過這種超大場次活動的經驗……大師雲集、演講動輒數十場，會展場地更是遼闊到讓人一不小心就會迷路。不過幸運的是，二〇一二年的那一場論壇，正好是台灣代表團出席最多的一次，所以我並不是單打獨鬥，而是與許多其他台灣的企業代表一起同行。

為了讓行程順利，我與同行的夥伴們很自然地組成了一個合作的小團體，在行前有好多的 e-mail 往返，到了亞特蘭大，大家更像同班同學一樣，每個人都要負責一天活動的「值日生」，像晚餐吃什麼？怎麼分配論壇的場次？怎麼照顧好每位團員的需求……等等的問題。

回來台灣後，大家開始馬不停蹄地，按照不同的主題在各地舉辦分享會，當時企業界的反應異常熱絡。我忽然發現，自己也能為台灣參與國際舞台這件事盡點心力，說實話有點興奮。

透過一次完美的協同合作，我們把每一場單獨的演講，迅速串聯成一個當年在台灣人資界的一個巨大的知識饗宴，將國際上最前瞻的人力資源新知，分享給大家。

信任與分享是協作的核心概念

相信不會有人懷疑現在是一個「合作的年代」，很少有人能靠單打獨鬥大放異彩。因為我們在做事情的時候，面臨到的狀況愈來愈複雜，資源老是不夠用，時間也愈來愈緊張。**現在不但人與人之間要合作，企業之間更要協作。**

大家可以觀察到一個很明顯的現象，愈是講求創新的公司或組織，像 3M、Google、wikipedia、P&G……愈是擅長各式各樣協同合作的可能。他們甚至去設計一個平台，把創意者、執行者、媒體、企業、市場和消費者拉進去一起參與創新。

這種把所有的人都當成「夥伴關係」的思維，是繼「競合關係」後，一種管理學上的新顯學。我們現在常常聽到的「共享經濟」，其實就是站在夥伴關係的基礎點上，所演化出的消費觀念。

因為是夥伴，所以講求的是「信任」，著重「分享」。信任與分享是協同合作的兩個核心元素。

記得我在新竹服務的時候，同一個區域曾經有一家科技公司希望獲得我們人力薪酬的架構，當時我看到對方某項方案做得很好，也想知道他們是怎麼做的，於是就與對方談共同分享。我們知道雙方都想要運用彼此擁有的資源創造出更多的價值，並不只是想要模仿。所以大家就在可以接受的程度下，合作產出一個知識的共享平台。

很多人只從商業角度來看協作，認為協作是我投入一個資源，你投入一個資源，然後一起去獲得某項利益。但從我的角度，**協作更重要的，是講求互動、互信、互相的學習精神。**

運用 BEST 技巧，創造協作的美好條件

要激發團隊能順暢地協作，能夠互信、互動可不是一件容易的事。這裡面還有一些職場與人際的基本功。相信每一位在職場上打滾的人都曾經聽過類似的故事：一位能力非常強的主管，在晉升到領導階層後，卻因為調動不起團隊的戰力而無法勝任。

這是因為隨著一個人的職權慢慢上升，往往會有不同的視角，又常因為資源和利益的分配，而容易產生衝突，特別在一些扁平化的組織當中，成員間常常沒有很明顯的從屬關係，這個時候協調的能力與橫向管理的能力，就變得與專業能力一樣重要。

真正使團隊績效優秀的工作者，往往不只能使個人、或著自己的團隊成功，就連跨團隊，像是內部（家庭朋友、同事），還有外部（客戶、供應商，甚至是競爭對手）所有可以協作的對象，都可以輕易盡情發揮綜效。那麼他們是怎麼辦到的呢？我的觀察是，首先他們都擁有「BEST」協作的溝通技巧。

「BEST」是四個英文單字第一個字母的組合，他們是四種細微、但能影響溝通是否順遂的關鍵點。

B就是Beginning「起始」。要有好的溝通，就要學會如何在溝通之前，就創造出好的氣氛。也許是一句真誠的關懷，或是客客氣氣帶有善意的問候，有時也許只是一個微笑，盡量去找到最有利於溝通的時間點、地點，為溝通創造一個好的開場。

E就是要有一個Explanation「說明協作的目的」。你不能沒頭沒尾就要大家參與行動，良好的溝通一定是要不厭其煩地對大家解釋，已經發生了哪些事，還有將會發生了什麼事情？以及為什麼我們需要協作？它能夠成就哪些利益？或著會造成哪些劣勢的結果？如果我們不合作，對自己、團隊、組織的影響是什麼？

S就是Solution「協作解決方案」。我們需要知道如何協作？和誰以及什麼時候做哪些事？大家集思廣益去討論合作模式，對這些事情去檢索、去回想、去檢視。大家一起討論同不同意，並且運用群體的力量一起提出解決方案。

T就是The end result「最終成果」。協作是為了讓大家更容易取得一個滿意的成果，協作的終點應該是創造一個有共識性的結束。這個終點並不是單方面的，而是在對方同意，你也同意的基礎上讓互動能圓滿結束。

我認為這當中Solution與The end result特別重要。這兩個部分掌握得好，可以說是為了下一個合作的可能奠定良好基礎。大家可以思考這樣一個好合作要怎麼樣維持呢？我們怎麼讓好的事情持續發生？

打造一個多樣性的協作環境

除了BEST的溝通技巧，更積極地，我們也可以透過環境的塑造，來進一步強化良好的協作氛圍。

協作談的就是彼此互補的思維。既然是互補，就不可能是大家都掌握同樣的資源，用同一種方法在做事情。例如一支足球隊，如果每個人都只想著進球，那麼球只有一顆，該由誰來擔任負責進攻的主力呢？

一支戰績輝煌的足球隊，他的成員應該是多樣性的組合。主攻手、防衛員、守門員彼此合作無間、各司其職。大家都是相互依賴的，成員間願意自主的聯繫，而不是單靠教練來發號司令。

那麼如何打造多樣性的環境呢？

就個人方面，我認為大家可以利用更多元的資訊管道進行學習。例如我在很年輕的時候，就養成每一年一定會撥出一定比例資源投資自己的習慣。

一開始我的薪水也不高，但是一整年下來，我總是會投入一週到兩週的額外時間專注在學習新知識上面，可能是參加論壇，可能是參與某個短期班的訓練。

有時公司的補助不夠，也願意自掏腰包，每年要花好幾萬塊在這些學習上面，那可是當時的我一整個月的薪水呢！

如果從個人的層次跨越到組織的層次來思考，我認為這個時候創造一個協作的環境就不是為了自己，而是為了管理層、執行團隊及所有員工。**你要讓大家知道這一切是為了「我們」。當大家意識到這一點，就容易建立互信的關係。**

主管不是天生就能勝任這些工作。先問問自己，你有沒有找到對的人？你任用這些員工的時候，是看中他們協作的能力，還是技術能力？你可以在一開始的時候選擇你的夥伴，盡量去選擇多樣化的組合。

當然有人說我進入一個組織不可能換掉所有的人。那麼你可以選擇運用現有資源，先分析每個成員，進一步再創造多樣化的關係。例如在團隊中找到值得投資的人，送他們去培訓，例如在組織中找到你想要栽培的對象，主動去當他們的教練（coach）。

協作永遠都是人與人之間的問題

當我們慢慢從一位優秀的員工過渡到一位成熟的主管時，也會發現協作不只是技術上的問題。還有很多方面，必須從心態上去打造。

協作能力好的人，往往也有非常開放的格局，我們很難想像一位成績卓越的主管相當抗拒與人合作，排斥跟大家溝通，或是非常的主觀、本位主義。

因為協作處理的永遠是人與人之間的問題。你協作的對象會隨著影響力慢慢擴大，有時不只是組織內部的成員，還包競爭者、替代的方案、供應商，還有最重要的，你與客戶間的合作關係。

如果你扮演的是領導的角色，希望團隊要用協作的方式完成一件事，就知道有時用願景去說服，會比用利益或是權力來得有效。你可以試著將自己的競爭力轉換成引導力。協作並不是一次性地單方面朝一個目標前進，而是橫向的，把競爭、創造、管理這些能力串連起來，發揮一個更大的效用。協作不可能是單獨的成就，他講求的是一個帶動一個，最後結合眾人的力量，取長補短，發揮團隊的戰力。

假設你的隊伍裡頭有四個人，A有很好的進步，他去帶動B進步一點，再讓C也進步一點，最後連落後的D也能夠跟上隊伍，這樣協作的運作就開始發酵，它是一個人與人之間有機的互動過程。

有利於協作的實戰作法

有關於協作的議題，我之所以在這一章採取比較大的篇幅說明，是因為長期從事「人的發展」的工作，我很清楚那些「以小成大」的力量，對一個人想要前往「next」的境界有多重要。有許多的例子告訴我們，能不能夠順利成事，有時不只是能耐不夠，而是周遭有太多的「隔閡」限制著我們無法發揮。

一個人的力量永遠是有限的，怎麼樣有效地去跨越人與人、組織與組織之間的隔閡，我下面有一些實務做法，它幫助我們在需要的時刻，讓最佳的機會、構想和人才，源源不斷出現在眼前。我相信無論是職業生涯或是私人生活上，這些實務做法都將為你帶來莫大的助益。

■敞開大門

如果你要夥伴樂於分享，希望大家能夠相互信任，並且能夠依造各種快速的轉變彼此協調，首先要做的就是「彼此不要有過多的祕密」。像是過多的閉門會議，祕密評估績效，過於嚴苛的資料不可攜出……大家難免有祕密，但請仔細思索，**過多的祕密究竟是為了保護大家，還是無形中樹立了彼此的高牆？**

■調整一致性

傳統的組織很希望所有管理規範一體適用，但有時也可以採取更有彈性的做法。不管做為個人或是團隊，讓組織內的同仁能夠彈性選擇方案，依據各個團隊的特殊需求建立不同制度，或許可以讓大家的工作可以更協調，工作時間更靈活，讓組織更加強大。

■豐富對話

我們一定要學會培養自己公開對話的能力，以及建立凡事給予對方回饋的習慣。好想法永遠是多元交流而來的，你經常地傾聽意見，選擇將最好的意見付諸實踐，和你共事的人自然也樂於及時提供回饋，無形中讓大家的力量能夠融合暢通，帶著共識性也較容易讓團隊全力以赴。

■放下權力

兩個人見面時首先會下意識地對彼此的地位進行評估：對方比自己權力更大、更有影響力、更聰明、更富有，還是更愚笨、更窮困？他有能力把這個資源從我身邊奪走嗎？他威脅到我的成果或更嚴重地讓我的地位岌岌可危嗎？……如果大家都這樣想，怎麼能夠有好的合作呢？

我們應該適時地放下權力，讓合作的彼此按照長處進行分工，著眼於把餅做大，而不只是為了自己的效益，驅策他人。

閱讀本章後，請試著做做看下面的練習：

□有時與別人合作不一定每一次都要以自己的目標為基礎，請試著運用你的權力或影響力，透過合作使別人獲得益處。

□當你跟陌生的團隊一起相處的時候，試著找出他們與你的相同之處，利用聊天、私底下的互動，先為團隊營造出和諧的氛圍。

□在與團隊成員溝通過後，請試著主動尋求每個人的承諾（即使是口頭承諾也行），這些承諾必須是有清楚具體的衡量指標，以利共同目標得以推動。

□如論是主管、同事、下屬或是供應商，請試著在每一次合作過後，主動尋找機會感謝對方。心懷感激將有助於別人未來更願意與你一起共事！

□請試著不要藏私，樂於分享自己所知道的知識、技巧、創新點子，如果可以的話，就在組織中建立一個分享的平台，並且鼓勵大家參與。

一對話⑰一

Attitude / 態度決定了你的成功會何時發生

閱讀本章前，請試著思考自己是不是有下面的情況：

- □我知道自己能力並不差，可是總是提不起勁努力，常常寧願拖延也不肯做。
- □我經常難以抗拒眼前的誘惑，但是做了之後又非常後悔，這種狀況老是在生活中日復一日的出現。
- □我身邊有許多愛抱怨的同事，雖然知道這樣的行為不太好，但是我也無可奈何，畢竟還要在同一個部門相處。
- □每天工作的壓力常常讓我喘不過氣，甚至懷疑這麼努力到底是為了什麼。
- □我很容易受情緒左右，心情好的時候，一切都非常順利，但是只要心情不愉快，我就會愈做愈糟。

我常常喜歡看各種不同的影音視頻，有一次我看到物理學大師史蒂芬・霍金（Stephen William Hawking）有關「時間旅行」的演講，內容讓我深深著迷。

霍金用很簡單的概念來談「穿越時空」這件事。他形容所有物體的存在，都有特定的長度、寬度還有高度，這包括坐在輪椅上的他。但除此以外還有另外一種「度」，就是「時間」。

那麼怎麼樣才能穿越時間這個維度呢？關鍵就是在速度。

我們所處的宇宙擁有自己的極限速度，約每秒三十萬公里，就是大家所熟悉的光速，宇宙中任何東西都不可能超越這個速度。已經有很多的實驗可以證明，當我們在接近光速的時候，時間會過得比較緩慢。

假設一個狀況，你在一輛時速接近光速的火車上不斷地繞著地球跑，跑了一週的時間，這個時候火車外面的世界，也許已經過了一百年那麼久。所以時空旅行並不是說你突然就跳到一百年後，而是你的時間流逝的比外面還要緩慢，所以當火車停止時，你等於已經到了火車外面一百年後的世界。

就是這麼簡單，如果我們想要前往未來世界，只要加快速度，快到極致。只是我們現在的科技還很難達到。現在地球上最快速的運輸工具是太空梭阿波羅十號，最快可達每小時四萬公里，但要時間旅行得要提速兩千倍以上才行。

時間會影響其他三個維度存在的表現，透過時間旅行，並不是說我們的長度寬度高度改變了，而是你可以到達比別人更遠的地方。

這段演講的內容，有關一個維度影響其他三個維度的變化，讓我有了很深的啟發。

影響成功的第五個維度

在研究如何幫助一個人的成就達到極致，能夠發揮最為強大效益的過程，我們在前面的章節討論了很多，也就是關於創新（Create）、競爭（Compete）、控制（Control）、與協作（Collaborate）這四個環節。

這四個環節就好像霍金談到的長度、寬度、高度一樣，是構成一件事情是否能夠圓滿達成的基本維度。我們小心翼翼去處理這四個維度，知道要很努力地去積累知識，要不斷嘗試用新方法即便是解決同樣的問題，要能夠管理每個步驟拿捏好資源，以及要透過協作的方式，促使事情成功的影響力能夠更強大。

可是我們經常也會發現兩個狀況，在進行這四個維度的運作時，好像不那麼得心應手。第一種狀況是，有時明明知道要做什麼，以及該怎麼做，但是行動就是停滯不前。

我最近有個很貼切的例子，就是在與夥伴進行這本書撰寫過程當中，有很多時候，明明已經探討過重點與核心，還有怎麼樣執行的相關細節，也訂定出文章產出的時間表，可是結果經常一延再延，出現了所謂的「拖延症候群」。

第二種狀況是，我們做了很多的努力想要擁有圓滿的人際關係、得意的成就、盡量去幫助他人，**但有的時候，為了達成這些目標所做的種種努力，到最後卻造成我們意想不到的「反效果」**。

霍金的演講給我的啟發就是，是不是還有哪個維度，是我們還沒有討論，卻會影響所有能力最終表現的？我探尋的結果，發現這第五個維度可能就是「態度」（Attitude）。

拔掉情緒的插頭，冷靜想想內心

「態度」這個問題經常被大家忽略。一般人都以為自己有「專業能力」，只要把工作崗位上的事情做好就可以了。但實際上，從我過去在大企業裡服務的經驗，親眼看過很多的部屬或著其他部門的同事，有些能力並不差，卻因為態度的問題減損了最終的表現，這些感受現在回想起來，還真是點滴在心頭。

除了剛剛談到的拖延症，生活當中我們隨處可見那些「不是因為能力，卻會影響表現」的情形。

比如對想減肥的人來說，就是會忍不住大吃大喝。比如說當你遇見一件討厭、卻非做不可的事情的時候，往往會選擇逃避。比如說我們經沉迷於某些不健康的事物，例如漫無目的的上網、滑手機，又比如說做事消極……。

很多人把這些負面的行為從習慣與情緒兩個角度去解釋，但我認為很多的時候要解決這個問題，我們其實只需要「拔掉情緒的插頭，冷靜想想內心」。

在所有的領袖特質當中，省察內心往往是最重要的特質。因為內心會影響我們怎麼進行決策，做一個決策的時候的考量點與價值觀是什麼，會不會因為短期的利益而使長期利益受到損傷，以及在當下，如何能拒絕誘惑，做出最終能使大家都有益處的行動。

在省察內心的過程，我們可以慢慢找到一些設身處事的基本原則，漸漸形成一種所謂的「對於生命的態度」。

正向態度的試金石：正直、誠信與當責

「生命的態度」是一個很大的範圍，如果我們一定要聚焦，我認為影響一個人最終表現最重要的有三種態度。第一個是與我們內在價值觀有關的，就是「正直」（integrity）。第二個是影響我們如何具體對外表現出內心的，也就是「誠信」（trust）。還有一個是影響行為面最具體的成果，也就是「當責」（accountability）。

為什麼是這三個重點？這因為這三件事最能去影響其他四個C的表現。**它會影響究竟我們在進行一件事情的時候，是正確的思維先出來，還是不計一切後果只想先行動。**當我們有很好的「態度」時，很多事會自我檢討四個C的方向。所

以這三種態度，往往又可以形成對四個C的檢視工具。

我曾經聽過馬雲說過一個故事。

在二〇〇二年的時候，阿里巴巴遇到一個巨大的危機。當時在公司內部有兩位超級營業員，他們的績效很好，掌握了阿里巴巴百分之六十的業績。可是馬雲後來發現，原來他們為了業績，採取了賄賂客戶的手段。

於是阿里巴巴立刻展開了一場閉門會議來討論。當時他們陷入了兩難，因為如果不做處理，這就違背了馬雲當初在創業時誠信正直的原則，但是如果處理了，那麼公司將立刻陷入資金短缺的窘境，可能因此就倒閉。

最後，馬雲選擇了開除這兩位同仁。因為他想，如果不開除的話，那麼從此以後不正代表他所說過的話可以完全不算數了嗎？因此他選擇堅守底線。他誠實地告訴股東、客戶，電子商務未來必定會有一個很好的發展，但是今年沒有辦法達到成效。正因為馬雲堅守誠信、透明化這些原則，阿里巴巴最終贏得了客戶的信任，後來他們終於漸漸擺脫泥淖，公司的業績也一點一滴好轉起來。

保持什麼樣的態度，就會成為什麼樣的人

為什麼明知有風險，但是馬雲仍然決定開除那兩位員工？因為作為一個創業者，馬雲深知他想要的不是在短期內如何賺到大錢，而是開創一家具有誠信，讓企業長期成長的公司。

我們現在看到許多員工所出現的問題，通常都不是大奸大惡的事情。可是卻與他們的態度有關。**態度出了問題，每個人就會在一次又一次的經歷中，做了跟價值觀違背的事情，最後形成不好的習慣。**

我過去在一家美商的科技公司服務的時候，在推動變革管理也談這三個原則，而且是有優先順序的。我們會先推動互信，在這個基礎下去做創新，達到世界一流這個技術上的目標，然後再去進行我們與客戶的關係。

之所以這樣，是因為我們不願意在內部還沒有達到一致性的水平之前，就對外部的客戶輕易承諾。企業外在的形象必須建立在同仁們實際上相信、並且能做得到的基礎上，而這一切要先從我們內部的核心價值觀開始做起。

當然，我也聽過許多人提起，在企業運作的實務上，常常會碰到兩難的局面。

有些事情必須在檯面下進行，有時，這些事甚至會違反企業最基本的價值觀。

有的人認為這是必要之惡，為了讓企業更容易運作，偶一為之有何不可？

但我的想法是，**許多看似無關緊要的小犯規，久而久之其實會累積成為極度負面的影響**。你用便宜行事的方法來辦事情，在剛開始的時候省下很多麻煩，甚至也省了不少錢，可是當大家都習慣這樣做之後，就很容易形成陋規。有時候一件好的事情，最後也會因此變成不對的事。

價值觀會隨著時間變化，形成態度

我常常跟人家說，價值觀會隨時間而變化，最終影響態度的呈現。例如小時候誠實是重要的，到大的時候，誠實就變成名譽，到最後在做生意的時候，就會變成對客戶的信用。價值觀會隨著年齡、位階、影響力、貢獻度，產生一個化學變化，**所以一個人有好的態度，通常是在很小的時候，就建立起正確的價值觀。**

我們在很小的時候，父母都教育大家要把玩具給別人玩，要盡量有笑容、活潑，這些價值隨著年齡的成長，慢慢在學習階段，轉化成快樂、自信、正向思考這些特質。最後出了社會，形成我說的「正直」（integrity）、「誠信」（trust）、「當責」（accountability）的成年人。

有這三個態度豎立在軸心，運轉著創新（Create）、競爭（Compete）、控制（Control）、與協作（Collaborate）四個能力，那麼做起事來自然能無往不利、成效加倍。我們一直做某些事，就會變成什麼人！

一旦你理解態度對於影響一個人行為表現的重要性，做任何的事就不怕另外四個C的能力偏失方向，因為態度像是一具帶有磁力的引擎，不但能趨使我們勇往直前，而且還是循著正確的軌跡。我自己也經常研究一些能夠養成正確態度的好方法，雖然簡單，卻能輕易使心境上產生正向的循環：

■多認識自己

當做一件事情陷入兩難的時候，多多去察覺自己的內心，先去思考究竟自己想要成為什麼樣的人？從長遠的方向去想哪些事能夠為自己帶來幸福感？自己的價值要透過什麼行為來表現？進一步從有信任基礎的情感關係，正常健康的生活環境，形成一種有自我主張的生活態度。

■多閱讀與多學習

一個人在向上進步的時候，最重要的態度就是保持飢渴（stay hungry）。這可以讓人隨時保持向上的心，也是當責的基礎。因為我們知道當責並不只是一種心態，還包含實踐當責的能力，當你能時時刻刻鍛鍊自己，那麼愈來愈強的能力將使你有進取心。在這當中，書本與學習往往是最好的戰友。

■多與正面（positive）的人交往

環境是影響一個人態度最重要的因素。隨著年齡增長，我們可以看到很多的人處理事情的準則，往往會依照利弊有所衡量，但是只要你看過那些真正獲得大成就的人，就會看出他們通常都有一些非常正面、毫不妥協的價值觀。多與他們交往，一起從事有益的活動，那麼漸漸地，我們也能培養出那些正向的態度。

閱讀本章後，請試著做做看下面的練習：

- ☐ 請拿一張紙，寫下五到十條自己認為必須堅守的價值觀，一開始不要太多，但是請試著做每一件事時，都要嚴格遵守這些價值觀。
- ☐ 從今天開始，建立一個自己喜歡的運動習慣，讓身體流汗，並且盡量在戶外進行，讓身體與大自然接觸，用健康的身體去影響、舒緩心理上的緊繃感。
- ☐ 遠離愛抱怨的人，少看負面新聞，以及多與正面的人交往。運用大量外在正面的資訊，來引導自己的思維朝正向去發展。
- ☐ 你可以做一個有趣的紀錄，把自己最容易遊走在灰色地帶的行為記錄下來，並且好好想一想你的價值觀，想一想下一次又發生的時候，你打算怎麼做。
- ☐ 試著在生活或工作中找到一位導師，定期向他們請教意見，並且仔細聆聽他們對你的看法，藉以理解你在他人眼中的態度是什麼樣貌。

挑戰與實踐

讀完這個 Chapter 後，給自己一個行動清單，並在完成之後進行勾選。

關於【Create】，我目前可以馬上著手改變的五件事。

□ 1.

□ 2.

□ 3.

□ 4.

□ 5.

關於【Compete】，我目前可以馬上著手改變的五件事。

□ 1.

□ 2.

□ 3.

□ 4.

□ 5.

關於【Control】，我目前可以馬上著手改變的五件事。

□1.
□2.
□3.
□4.
□5.

關於【Collaborate】，我目前可以馬上著手改變的五件事。

□1.
□2.
□3.
□4.
□5.

關於【Attitude】，我目前可以馬上著手改變的五件事。

□1.
□2.
□3.
□4.
□5.